태도, 관계, 성적을 결정하는

회복탄력성 수업

최미지 지음

midnight
심야
책방
bookstore

엄마가 될 기회를 준 지원과 정원,

함께 애써준 남편에게

나는 정신과 의사로서 성인 심리를 공부한 후 아이들을 진료하는 소아청소년 전문 정신과 의사가 되었고, 그 뒤 두 아이의 엄마가 되었다. 정신과 수련을 마치고 소아정신과에 들어가서는 아이들의 정신세계는 어른들의 그것과 전혀 다르다는 사실을 알게 되었고, 엄마가 되고 나서는 아이들의 정신세계를 잘 아는 것이 아이들과 함께 사는 것과는 완전히 다르다는 것을 알았다.

첫 아이 출산 후 내 아이는 직접 키우고 싶다는 생각에 3년간 의사를 그만두고 전업 엄마가 되기도 했고, 남편이 육아휴직을 2년 써서 전업 아빠가 되기도 했다. 그래서 다른 사람의 도움 없이 남편과 둘이 두 아이를 근근이 직접 키울 수 있었다.

직접 겪어보지 않으면 절대로 이해할 수 없는 일들이 있고 그중 하나가 육아다. 아이 심리 전문가라는 소아정신과 의사였지만, 정작 내 아이를 키울 때는 막막해 놀이터에서 눈으로는 아이를 쫓으면서 다른 아이 엄마들은 어떻게 하는지 여러 가지 팁을 물어보기도 했고, 아이를 재우고 나면 각종 육아서나 유튜브 채널을 뒤져 육아 정보를 찾아보기도 했다.

초보의사 시절 책에서 읽은 대로 "아이에게 칭찬을 많이 해주세요. 마음을 읽어주고 공감해 주세요"라고 원론적인 얘기를 읊어주는 나에게 "제 아들들은 둘 다 ADHD인 데다 연년생이라고요!" 하며 절규하듯 울먹이던 환자 엄마의 말이 두 아이를 키우면서 뒤늦게야 절실하게 이해되고 공감이 되었다.

반면, 소아정신과 의사로서 전문 지식과 경험은 아이들의 심리를 깊게 이해하고 그에 적절하게 반응해주는 데 분명 도움이 되었다. 우리 모두는 어린 시절을 거쳐 왔지만, 어린 시절의 일부는 전혀 기억하지 못하며, 기억하는 나머지 일부도 아이를 이해하고 공감하는 데 쓰지 못할 때가 많다. 어른들은 아이 행동이 이해되지 않으면 이상하게 보거나 별것 아닌 일로 치부하고 넘어가지만 아이의 정서, 행동, 인지, 신체 발달을 깊이 알고 나면 이상하게 보이던 행동이 당연해지고 그냥 지나쳤던 행동도 다시 돌아보게 된다.

예를 들어 아이가 두 발로 걷기 시작하면 안겨 있을 때보다 운신의 폭이 비교적 자유로워지고, 이런 신체의 발달에 힘입어 마음 안에 자아가 생긴다. 그래서 이 시기에는 무엇을 하거나 하지 않으려는 의지(고집)와 무엇이든 자기 스스로 하겠다는 자율성이 아이의 화두다. 또 자기 혼자 걸을 수 있어 언제든 엄마와 멀어질 수 있기 때문에 발달 과정의 하나로 분리불안이 자연스럽게 생긴다.

이렇게 직립보행이라는 '신체 발달'과 분리불안, 자율성과 같은 '정서와 인지행동 발달'이 서로 톱니바퀴처럼 유기적으로 맞물려 돌아간다는 점을 알고 유심히 살펴보면, 아이의 전반적인 행동이 "아하!" 하고 이해된다.

보통 TV 프로그램에서 보는 것처럼 극적인 해결책을 기대하며 소아정신과에 방문한 부모는 높은 확률로 의사에게 다음과 같은 말을 듣는다.

> "약 처방해드릴 테니 먹이시고 일주일에 한 번 놀이치료 오세요."

나 역시 이렇게 말하는 의사 중 하나였다. 대부분의 부모는 이 말을 듣고 실망스럽다는 표정을 짓는데 한번은 어떤 부모가 이렇게 물었다.

"집에서 저희들이 아이를 위해 해줄 수 있는 일은 없을 까요?"

그런데 이 질문에 마땅히 할 말이 생각나지 않아 대답을 얼버무리고 말았다. 이 일을 계기로 나는 위기를 맞은 아이를 위해 의사로서뿐 아니라 부모로서, 약물이나 전문적 치료 외에 부모 스스로 아이에게 해줄 수 있는 일이 무엇이 있을까 고민하게 되었다. 그리고 그 결과물이 바로 이 책이다.

소아정신과 의사는 각종 이유로 좌절하고 실망해 마음을 다치고 그 상처를 혼자 힘으로 치유하지 못한 채 악화된 아이들을 많이 접한다. 그리고 동시에 치료 과정을 통해 아이의 생각과 감정, 자기상과 세계관, 태도와 행동이 서서히 변하면서 상처가 치유되고 아이 스스로 위기를 기회로 만드는 모습을 눈앞에서 관찰하게 된다. 아이들이 마음을 다치는 이유는 여러 가지지만 나아지는 과정에서 보이는 변화와 치유에 도움이 되는 조건은 공통적이다. 이 책에서는 위기와 역경에서 일어나는 아이들이 공통적으로 가지고 있었던 결정적 조건에 대해 내가 직접 관찰한 바를 나누어 보고자 한다.

사실 회복탄력성은 단기간에 만들기 어려운 능력이다. 아이의 성장기 내내 부모가 장기간에 걸쳐 꾸준히 노력해야 만들어줄 수 있는 심리적 자원이기 때문이다. 이 능력이 계발되지 않은 채 성인이 되고서 위기를 맞아 진료실을 방문하는 사람은 아이에 비해 상대적으로 회복이 훨씬 더디고 어려우며 다 나은 뒤에 마음에 흉터가 남기도 한다. 치료자로서 이런 사람을 만나면 한계가 느껴지고 안타까운 마음이 든다. 그래서 이들이 치료실에 오기 훨씬 이전에 이들의 부모가 회복탄력성을 길러주는 것이 더 근원적인 해결책이라는 생각이 들었다.

회복탄력성은 부모가 아이에게 남겨줄 수 있는 정신적 재산이다. 그 재산은 한번 만들어지면 아이 안에 영원히 간직되는 것으로 어느 누구도 뺏어갈 수 없는 보물이다. 그리고 아마도 아이가 자라서 부모가 되면, 특별히 노력하지 않아도 이를 자기 아이에게 공짜로 물려줄 수 있을 것이다. 그럼 이제부터 이어질 회복탄력성 수업을 잘 듣고, 아이에게 소중한 재산을 전해주자.

🐋 차례

Step 1

뇌과학으로 이해하는 회복탄력성의 비밀

아이 기질별 회복탄력성 키우기

아이의 회복탄력성을 키우려면 '정서적 자원(♥)'과 '인지적 자원(◆)'이라는 두 기둥이 필요하다. ♥만 있는 아이는 안정되고 긍정적이긴 하나 현실에 안주하며 자족할 수 있다. ◆만 있는 아이는 성공할 순 있으나 불안하고 행복하지 않을 수 있다. ♥와 ◆가 모두 갖춰져야 성취할 때까지 지속적으로 도전하고, 성취 후에도 새로운 목표를 탐색할 수 있다. 자세한 내용은 'Chapter 4 로드맵으로 보는 회복탄력성(54쪽)'을 참고하자.

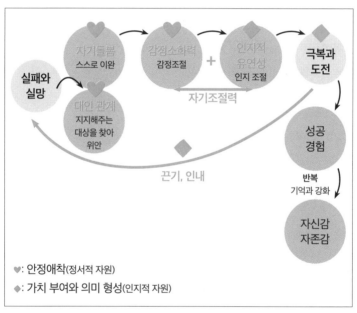

회복탄력성 만들기 성공

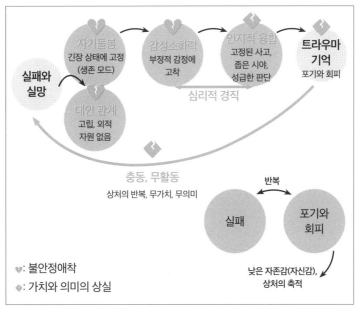

회복탄력성 만들기 실패

Step 1

뇌과학으로 이해하는
회복탄력성의 비밀

Chapter 1

긍정화의 함정

긍정적으로 생각하려고 노력할수록
회복은 느려질 수 있다

　힘든 일을 겪고 진료실을 찾아온 환자가 의사인 내게 가장 자주 하는 말은 무엇일까?

　"안 좋은 생각이 자꾸 올라오지만 일부러 좋은 생각을 하려고 노력해요."
　"할 수 있다고 믿으려고 해요. 스스로 이겨내고 극복하려고 애쓰고 있어요."

　이런 유의 긍정적으로 생각하려고 노력한다는 말이다. 절망과 우울에 빠져 있을 때 주변 사람에게서 "힘내", "잘할 수 있어", "다 잘될 거야", "다음에 더 잘하면 되지" 같은 자기계발서식 조언을 듣고 실천해보려 안간힘을 쓰는 사람을 보면 안타까운 마음이 든다. 위로하고자 하는 사람의 의도와 달리 이런 말은 어려움에 처한 사람이 더욱 외로움과 좌절감을 느끼게 하는 경우가 많기 때문이다. 왜 그럴까?

'나도 알지만 내 마음대로 안 되는 걸 어떡하란 말이야.
저 사람은 직접 안 겪어봐서 내 마음을 이해 못하니까
남 얘기하듯 쉽게 말하는 거야.'

이렇게 상대가 나에게 공감하지 못한다고 느끼니 위로를 받기는커녕 오히려 그 사람과 심리적 거리감이 생기는 것이다. 이와는 반대로 자신을 원망하는 경우도 있다.

'왜 나란 사람은 부정적인 생각만 계속 들지?'
'왜 나는 이겨낼 힘이 안 생기고 아무것도 하고 싶지 않을까?'
'다 지나간 일인데 왜 떨쳐지지 않을까?'

이렇게 되뇌며 자책하는 것이다. 내 마음 하나 의지대로 움직이지 못하는 데 낭패감을 느끼며 현재 상황은 물론이고 자신에 대한 통제력을 잃었다는 사실에 더 큰 좌절감을 느낄 수도 있다. 다시 말해 좌절을 겪은 사람에게 "긍정하라"는 조언은 오히려 그 사람의 회복탄력성을 저해할 수도 있다는 것이다.

나의 고통이 남의 고통보다 크게 느껴지는 이유

'남의 생손은 제 살의 티눈만도 못하다'는 속담처럼 남이 보기에는 일상에서 흔히 일어날 법한 사소한 실망과 좌절일지라도 내가 직접 경험할 때는 마음이 쓰리고 아픈 것이 정상이다. 하물며 큰 병에 걸리거나 불의의 사고 혹은 재난을 당했을 때, 일자리를 잃거나 경제적인 위기에 처했을 때, 이혼이나 이별, 가까운 사람과 사별했을 때처럼 큰 역경은 그 일을 받아들이고 극복하기까지 수년, 수십 년이 걸릴 수도 있다.

긍정적으로 사고를 전환하고 다시 일어서기 위해서는 단순히 생각만 바뀌는 것이 아니라, 아픈 감정이 소화되고 마음에 생긴 상처가 아무는 과정이 전제돼야 하기 때문이다. 이는 누구에게나 쉽지 않은 일이며 절대적인 시간도 상당히 소요되는 복잡하고 어려운 과정이다.

시험을 망치고 엄마에게 하소연하는 아이가 있다고 해보자.

"엄마, 우리 반에서 내가 영어를 가장 못하는 것 같아요.
오늘 영어시험 완전히 망쳤거든요."

아이가 시무룩한 얼굴로 말하면 보통 엄마는 이런 식으로 위로
하며 용기를 북돋아준다.

"아니야. 엄마가 보기에 넌 영어 잘해. 반에서 5등 안에
들지 않아? 오늘 조금 어려웠을 뿐이야. 다음에는 더 잘
할 거야."

기가 죽은 아이를 본 엄마는 아이가 이 일로 자신감을 잃지 않
을까 불안하고 아이 말에 마음이 아프기도 해 긍정적으로 생각하
라는 메시지를 주고 싶은 것이다. 하지만 정작 이 말을 들은 아이
대부분은 정반대의 생각을 한다.

'엄마는 내 마음 몰라. 내가 얼마나 바보같이 느껴지고
속상한지……'

비록 평소 영어 성적이 뛰어난 아이라도 기대보다 시험 성적이
나쁘면 상심해 자신이 영어를 못하는 것 같다고 느낄 수 있다. 엄

마가 상기시켜주지 않아도 자신이 반에서 5등 안에 든다는 사실을 이미 머리로는 잘 알고 있지만 가슴에서 자동으로 속상함이 올라온다. "괜찮다", "잘한다"는 긍정화 메시지는 아이를 위로하려는 엄마의 의도와 상관없이 아이에게는 '엄마는 내 마음을 인정해주지 않고 이해도 못한다'고 왜곡돼 받아들여질 가능성이 높다.

왜냐하면 아이가 느낀 부정적 감정은 아이의 실제 영어 실력이나 객관적 현실과 별개로 이미 아이 마음속에 일어난 현상이고 '주관적' 현실이기 때문이다. 엄마가 아이의 이런 마음이 객관적 현실에 비춰 사실이 아니라고 부정하는 듯한 반응을 하면, 아이는 자기가 느낀 주관적 현실이 엄마에게 전달되지 않았고 인정받지 못했다고 느낀다.

엄마와 아이가 느끼는 낙심의 정도가 다른 이유는 무엇일까? 원래 고통은 남이 당했을 때보다 내가 직접 당했을 때 훨씬 크게 느껴지기 마련이다. 같은 정도의 자극이라도 내 마음에 들어가면 몇 배로 부풀기 때문에 내가 느끼는 고통의 크기와 상대가 느끼는 고통의 크기는 비대칭이 된다. 따라서 상대 입장이 돼 깊이 공감하지 않는다면(즉, 상대와 나를 거의 동일시하지 않는다면) 상대의 주관적 고통은 과소평가되기 쉽다. 이는 깊은 공감이 전제되지 않은 상태에서의 섣부른 긍정화가 역효과를 낳는 이유기도 하다.

그럼 주관적으로 느끼는 고통의 크기가 우리가 겪은 객관적 실패나 상실의 크기보다 훨씬 크게 느껴지는 이유는 무엇일까? '원래' 그렇게 느끼도록 설계돼 있기 때문이다! 뇌는 기본적으로 긍정적 사건보다 부정적 사건에 더 예민하게 반응하는 '부정 편향성'을 보인다.

행동심리학에 의하면 사람은 이득보다 손실에 민감하게 반응하며 실패와 손해를 본능적으로 회피하고 현재 상태를 유지하길 바라며 행동하는 경향이 있다. 이를 손실 회피(loss aversion)라 한다. 아래 그래프를 보면 각각 같은 크기의 이익과 손실을 입었다고 가

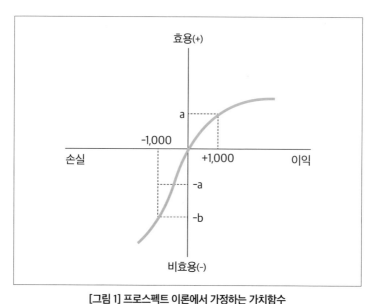

[그림 1] 프로스펙트 이론에서 가정하는 가치함수

손해를 입은 경우(좌측 절반)의 기울기가 이익을 얻은 경우(우측 절반)보다 2배 더 가파르다.

정할 때 손실에 대한 스트레스는 이익에 대한 행복감에 비해 2배 정도 크다. 쉽게 말해 주식으로 수익 1,000만 원이 생겼을 때의 기쁨(a)보다 1,000만 원을 잃었을 때의 분노와 슬픔(-b)이 2배는 큰 것이다. 아이의 예를 들면 칭찬스티커를 하나 받을 때 기쁨보다 뺏길 때 고통이 2배는 크다.

이런 비대칭성이 비합리적이라는 생각이 들지 모르지만 긍정적 감정보다 부정적 감정을 더 강렬하게 느끼는 것이 진화 면에서는 더 유리했기 때문에 우리 뇌는 부정적 사건에 감정의 무게를 더 실어왔다. 다시 말해 자연계에서는 상실과 실패, 패배 같은 부정적 사건이 긍정적 사건보다 개체의 생존에 직접적인 영향을 끼칠 가능성이 높기 때문에 우리가 부정적 사건에 더 크게 반응하고 그 사건을 곱씹고 마음에 새기면서 한동안 괴로운 시간을 보내도록 설계된 것이다. 실패나 실망에 부정적 감정을 강렬하게 느끼면 비록 우리 일상은 더 불행해질지라도 개체의 생존에는 더 이롭다.

사실 부정적 감정을 포함해 모든 감정은 생존에 따른 필요로 진화한 결과물이다. 특히 부정적 감정은 현실의 위험을 인식하고 분석하는 데 필요하다. 영양분이 필요할 때 배고픔을 느끼고 산소가 필요할 때 숨 막힘을 느끼는 것처럼 슬픔은 소중한 것의 상실을 알리는 신호이고 분노는 나와 내 영역을 지키기 위한 본능이며 불안은 위험을 감지하고 예방하기 위한 알람 장치다. 슬픔, 분노, 두려움이 느껴질 때마다 생각이 깊어지고 후회, 자책, 반성 등을 통해 자신과 주변을 평가하는 과정이 동반되는 이유는 그렇게 하는 것이 우리에게 도움이 되기 때문이다. 결국 부정적 감정은 없앨 수도 없고 없애서도 안 되는 생존과 적응에 소중한 신호다.

'감정소화력'이란?

사람의 뇌는 '원시뇌(뇌간)'와 '변연계' 그리고 '대뇌피질'로 구성돼 있다. 뇌간과 변연계는 생존과 직결되는 본능과 감정을 관장하며 대뇌피질은 이성적 사고와 언어, 판단처럼 고차원적 기능과 관련 있는 부위다.

전통적인 교육과 학문은 대뇌피질 영역인 이성적 사고와 판단력을 기르고 발달시키는 방향으로 초점을 맞춰왔고, 본능과 감정 영역은 상대적으로 동물적 부분이라고 평가절하되거나 부정 또는 배제돼왔다. 하지만 이런 시각은 우리 몸의 생리적 부분, 예를 들면 영양 섭취, 수면, 호르몬이 우리 기분과 생각에 미치는 영향이나 욕구와 본능이 마음에서 차지하는 위치를 과소평가할 수 있다.

아이를 키워본 사람이라면 누구나 알겠지만 아이의 양육과 발달에서 가장 우선시되는 것은 잠과 식사, 배변, 습관, 기분이지 사

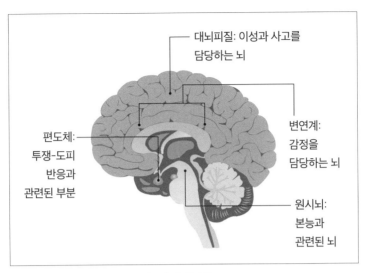

[그림 2] 대뇌 구조
이성을 담당하는 대뇌피질, 감정을 담당하는 변연계, 본능을 담당하는 원시뇌

고와 이성이 아니다. 사람 마음을 우리가 동물이라는 사실과 떼어 생각하는 일은 고상해 보일진 몰라도 옳다고 할 순 없다. 몸과 마음을 분리해서 보려는 관점은 마음과 생각이 우리 몸의 일부라는 기본 사실과 동떨어져 있기 때문에 엉뚱한 방향을 제시할 수도 있다. 따라서 생각과 기분을 제대로 이해하려면 마음뿐 아니라 몸까지, 부분이 아닌 전체를 이해하려는 노력이 필요하다.

뇌의 경우도 마찬가지다. 애초에 사람은 인간이기 이전에 동물이기 때문에 대뇌피질뿐 아니라 변연계, 시상, 척수를 포함한 뇌 전체를 다 써서 생각하고 느낄 수밖에 없다. 최근 연구에 의하면 뇌와 신경계뿐 아니라 대장 같은 소화기관과 장내세균총까지도 우리 생각과 느낌에 영향을 준다고 한다(영어에서 직감을 의미하는 'gut feeling'이라는 어휘가 단순히 수사적 표현이 아니라 사실이라고 볼 수도 있다는 뜻이다). 우리의 판단과 행동은 생각과 논리, 감정과 기억, 욕구와 충동 그리고 어쩌면 장내 박테리아의 작용까지 뒤섞인 결과이므로 비합리적이고 개인적이며 감정적인 것이 당연하다.

뇌 구조를 오렌지에 비유하면 대뇌피질은 껍질, 변연계와 원시뇌는 과육 부분이다. 대뇌피질과 변연계는 큰 신경다발로 연결돼 있고 원시뇌는 자율신경계를 통해 우리 몸 곳곳과 연결돼 있다. 자율신경계는 감정과 몸의 반응을 조절하고 통제한다.

화가 나거나 불안해질 때 심장이 뛰고 얼굴이 화끈거리고 식은땀이 나는 등 온몸에서 반응이 나타나는 이유는 뇌가 자율신경계를 통해 몸과 연결돼 있기 때문이다. 반대로 갑자기 심장이 빠르게 뛰면 아무 일이 없더라도 마음에 긴장감이나 불안감이 생길 수 있다. 따라서 이 채널은 양방향이다.

정서와 인지, 몸과 마음이 균형 있게 잘 자란 사람은 자신이 어떤 감정을 느낄 때 어떤 생각이 들고 몸에 어떤 변화가 나타나는지 잘 알아채고 조율할 수 있는 사람이다. 다시 말해 우리가 통합적으로 잘 발달했다는 것은 대뇌피질(생각)과 변연계(감정), 원시뇌(본능)와 자율신경계(몸)가 고르게 발달하고 잘 연결돼 있다는 뜻이다.

이런 사람은 실망, 실패, 역경을 경험하면 분노, 불안, 실망, 좌절을 충분히 느끼고 수용하며 경험에서 의미와 가치를 형성해 다시 긍정적 감정으로 전환할 수 있는 능력이 있다. 이것이 이 책에서 다룰 핵심 개념인 '감정소화력'이다.

감정소화는 뇌 전체(원시뇌, 변연계, 대뇌피질)를 통합해 포괄적으로 감정을 처리하는 과정이며, 감정소화력은 이런 감정 경험을 마음속 깊이 진정으로 받아들여 의미와 가치, 배움, 성장에 이르게 하는 본질적 능력이다. 그럼 감정소화력을 더 잘 이해하기 위해 우리 뇌가 생존 모드와 이완 모드 사이에서 어떻게 작동하는지 살펴보자.

Chapter 2

우리 몸과 마음의
자기조절 리듬

생존 모드 vs. 이완 모드

뇌는 우리가 처한 상황을 판단해 생존 모드와 이완 모드를 오간다. 교감신경계와 부교감신경계로 이뤄진 자율신경계는 각 모드를 관장하는 스위치 역할을 한다. 교감신경계에 불이 켜지면 생존 모드가, 부교감신경계에 불이 켜지면 이완 모드가 된다.

낯선 적이 출현하거나 위협을 감지했을 때처럼 안전하지 않다는 판단이 들면 교감신경계에 불이 켜지고 뇌는 생존 모드에 돌입한다. 주도권을 잡은 교감신경계는 주위를 경계하며 적에 맞서 싸우거나 도망칠 준비를 하면서 근육을 긴장시켜 몸을 공격과 방어에 최적화하며 여기에 필요한 에너지를 총동원한다. 생존 모드에서 우리는 각성되어 예민해진다. 겁에 질려 얼어붙거나 불안해서 잠을 설치거나 언제 올지 모를 위협에 대항하기 위해 정신을 바짝 차리기도 한다.

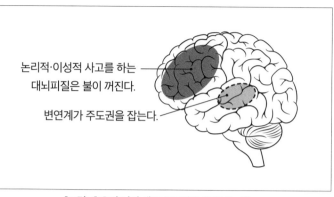

논리적·이성적 사고를 하는
대뇌피질은 불이 꺼진다.

변연계가 주도권을 잡는다.

[그림 3] 우리 뇌의 생존 모드에서 일어나는 일
투쟁-도피-경직

아마도 원시시대에는 어둠이나 무리에서의 고립과 이탈, 우리를 잡아먹으러 올지 모르는 호랑이 같은 포식자가 생존 모드 스위치를 켰을 것이다. 하지만 현대사회에서는 친구나 가족 등 인간관계에서의 갈등, 학업과 업무에서의 스트레스, 전학이나 이사 같은 일상의 변화 등이 우리를 생존 모드로 이끄는 요인이다.

일반적인 긴장 상태는 일시적이었다가 위기가 지나면 해소된다. 포식자에게서 무사히 도망치거나 무리에 다시 합류했을 때, 싸워서 나빠졌던 관계가 회복되거나 아니면 그 관계가 끝났을 때 긴장은 해소되고 이완 모드로 들어간다.

만약 긴장 상태가 해소되지 못하고 지나치게 오래 계속되면 우리 몸은 에너지 소모를 버틸 수 없어 한계에 부딪힐 것이다. 생존 모드는 온 힘을 한곳으로 모을 수 있을 만큼 빠르고 강력하지만 지속할 수 없다는 약점이 있기 때문이다.

이런 상황을 피하기 위해 우리 마음은 차악을 선택할 수도 있다. 비록 장기적으로는 부적응적일지라도 일시적으로 상황(현실)을 부인·부정하는 심리 메커니즘을 택해 과부하를 모면하는 것이다. 예를 들어 납치된 인질이 감금 기간이 길어지면서 가해자를 좋아하게 되거나 오래 학대받은 여성이 배우자에게 공감과 연민을 느끼게 되는 스톡홀름 신드롬(Stockholm syndrome)은 생존 모드의 장기화를 피하기 위해 이성적인 판단과 감정을 왜곡하는 방식으로 적응하는 현상이다.

다시 말해 우리 마음은 긴장이 장기화될 경우 진실된 감정 반응인 불안과 분노를 꾹꾹 눌러 감정을 억압하거나 현실을 부정하고 과소평가해 가짜 내적 평화를 만드는 방법을 선택함으로써 신체적 소진을 방지하는 쪽으로 적응한다. 만약 생존 모드가 장기화된 상태에서 이런 방법마저 실패하면 '번아웃(burnout)'이 일어나며 모든 에너지가 소진돼 아무것도 하지 못하는 무기력 상태로 셧다운(shut down) 또는 브레이크다운(break down)되기도 한다.

이렇게 마음의 과열을 방지하기 위해 일시적으로 심리적 긴장을 완화하는 방법을 심리적 방어기제라고 부른다. 그중에서도 특히 현실 부정, 감정 억압, 회피, 투사 같은 미성숙한 방어기제는 임

시방편으로 즉각적 효과는 있지만 감정을 제대로 처리하지 못하기 때문에 반드시 부작용이 따른다. 마치 집에 갑자기 손님이 찾아와 어질러진 방을 제대로 정리할 여유가 없을 때 급한 대로 옷이며 물건을 서랍이나 수납장에 마구 집어넣어 겉보기에만 깨끗한 상태를 만드는 것과 같다.

뒤죽박죽 헝클어진 채 마음의 서랍에 들어가 있는 감정을 잘 정리하기 위해서는 스트레스가 해소된 뒤 그 감정을 다시 끄집어내 하나하나 찬찬히 살펴보며 알맞게 분류한 다음 버릴 것은 버리고 남길 것은 적당한 자리에 정리해 넣는 작업이 필요하다. 이렇게 스트레스 상황을 겪고 나서 내적 성찰을 통해 마음을 정리하는 능력이 '감정소화력'이다. 이 작업은 기본적으로 이완 모드, 즉 손님이 떠나고 편안한 상태로 마음을 정리할 여유가 있을 때 할 수 있다.

자율신경계 중 부교감신경계는 교감신경계와 반대 작용을 하며 생존 모드에 브레이크를 걸고 반응속도를 늦춰 몸과 마음의 상태를 이완하고 안정시킨다. 이를 미주신경 브레이크(vagal brake)라 부른다(미주신경은 부교감신경의 다른 이름이다). 상황이 안전하거나 내 곁에 가까이 온 상대가 위험하지 않고 신뢰할 수 있다고 판단하면 이 브레이크가 생존 모드에 제동을 걸어 우리 뇌가 안정되고 평온한 이완 모드로 전환되는 것이다.

평온한 상태에서는 방어 행동이 줄고 사회적 행동이 주가 된다.

다른 개체에 다가가고 신체 접촉을 즐기며 양육·번식 행동, 상호적 놀이 행동을 보인다. 즉, 생존에 대한 걱정 없이 다른 개체와 관계를 맺고 추가 활동을 할 수 있는 것이다. 이 모드에서 우리는 평온, 안정, 휴식, 행복을 느낀다.

전학 간 아이의 생존 모드와 이완 모드

이해를 돕기 위해 전학을 예로 들어보자. 전학을 간 아이는 홀로 낯선 공간, 낯선 사람만 있는 교실에 들어가 새롭게 적응을 해야 한다. 아이에게는 새로운 환경에 관한 경험과 정보가 거의 없어 상황의 불확실성이 높고 위험도를 평가하기 어렵다. 이 경우 대부분은 손실 회피를 위해(22쪽 가치함수 그래프 참조) 위험을 상정하고 일단 보수적으로 접근하며 이완 모드보다는 생존 모드를 택한다.

등교 첫날, 아이는 교감신경계가 활성화돼 잔뜩 긴장한 얼굴로 커진 눈을 두리번거리며 콩닥거리는 가슴을 진정하기 위해 노력하고 있을 것이다. 머릿속에 '이 학교에는 어떤 아이들이 있을까?', '아이들은 나를 좋아할까?', '선생님은 어떤 분일까?', '분위기는 어떨까?' 온갖 생각이 맴돌지만 아직 어떤 아이와 친해질 수 있을지, 누구에게 도움을 받을 수 있을지 감이 오지 않기 때문에 아무에게도 말을 걸지 않고 조용히 자리에 앉아 주변을 관찰한다. 쉬는 시간에 낯선 친구들이 다가와 말을 걸면 긴장이 돼 온몸에 힘이 들어가고 목소리가 제대로 나오지 않기도 하며 점심시간에는 밥도 잘 안 먹힌다.

그렇게 몇 주가 지나면 아이 주변에는 먼저 다가와 말을 걸고 간식을 나눠주는 친구들, 아이가 잘 모르거나 서툰 점이 있으면 안내해주고 도움을 주는 친구들이 생긴다. 아이는 이제 누가 자기에게 호의적인지, 누가 가까이 지내면 위험한 사람인지 파악할 수 있다. 자신과 잘 맞고 안전한 친구를 선택해 사귀고 함께 어울리기 시작하며, 믿고 의지할 수 있다고 여겨지는 선생님에게도 마음을 연다. 학교 지리에도 익숙해지고 허용되는 행동과 그렇지 않은 행동에 대한 사회적 코드도 익힌다.

이제 생존 모드에 미주 브레이크가 걸리고 아이 마음은 이완 모드로 전환이 된다. 긴장이 풀어지고 평온한 상태가 되면서 방어 행동이 줄고 사회적 행동이 점차 늘어난다.

아이는 친구에게 먼저 다가가 말을 걸기도 하고, 쉬는 시간에 깔깔거리며 장난을 치고 같이 놀기도 하며, 친구와 어울려 점심도 맛있게 먹는다. 친구들에게 준비물을 빌리거나 빌려주기도 하고 도움을 청하거나 부탁하는 것도 어렵지 않다. 학교에서 느끼는 주된 감정이 불안과 긴장에서 즐거움, 안정감, 행복, 재미로 바뀐 것이다. 전학에 잘 적응한 아이의 내적 현실에서 학교는 공부하고 경쟁, 협력을 하는 공간일 뿐 아니라, 친구들과 함께 놀고 쉬어가는 공간이 되기도 한다.

이렇게 이완 모드로 전환이 되고 적응을 잘해 마음이 편안해진 아이는 학교라는 환경이 자기편이라 믿는다. 학교에는 도움을 주고받을 수 있는 사람이 있고 함께 즐겁게 놀 친구가 있다. 시험이나 발표, 친구와의 갈등, 부모님과의 불화처럼 긴장과 스트레스 상황이 생겨 일시적으로 생존 모드가 작동된다 해도 친구들과 즐겁게 놀고 긍정적 감정을 충분히 느끼면 아이는 곧 다시 이완 모드로 돌아와 스트레스를 회복할 것이다.

다시 말해 학교가 아이를 다른 스트레스에서 회복하게 해줄 수 있는 안전기지(secure base) 중 하나로 작용할 수 있다는 것이다. 안전기지란 우리가 긴장을 풀고 충분히 느긋하게 쉴 수 있는 안식처로 핸드폰 충전기나 전기차 충전소 같은 역할을 한다.

기본적으로 아이에게는 부모와 가정이 가장 핵심적인 안전기지다. 안전기지 범위가 넓은 사람은 신체적·정신적 에너지를 재충전할 곳이 많고 방전되는 속도도 느리다. 따라서 가정뿐 아니라 학교, 넓게는 그를 둘러싼 커뮤니티 전체가 안전기지인 사람은 안전기지가 거의 없거나 아주 좁은 사람보다 활동적으로 지낼 수 있고 회복하기도 쉬울 것이다. 반대로 학교는 둘째 치고 가정환경조차도 아이가 긴장하게 하거나 에너지를 소진하게 한다면 이 아이의 정신건강은 우려할 만하다.

만약 아이가 전학 간 학교에서의 적응에 실패해 활성화된 생존 모드가 이완 모드로 전환되지 못하고 고착되면 어떤 일이 벌어질까? 며칠간의 탐색 후에도 주변 아이들을 우호적 대상으로 인지할 수 없거나 중립적 관계를 우호적 관계로 바꾸는 데 실패한다면 아이는 무의식적으로 주변 환경을 잠재적인 적, 즉 싸우거나 피할 대상으로 판단하고 투쟁—도피 반응(fight or flight response)을 보이며 적대적인 태도를 취할 가능성이 높다.

적극적이고 강한 성격의 아이라면 학업 성취 또는 학급회장 같은 사회적 지위, 물리적 힘의 우위 등을 통해 권력을 획득하고 주변과의 암묵적인 싸움에서 유리한 위치를 점하려 할 수 있다. 소극적이고 약한 아이라면 마음이 움츠러들어 다른 아이들과 거리를 두고 지내거나 등교를 거부하는 등 회피적 태도를 보일 수 있다.

적극적으로 위기에 대응한 아이 중 일부는 겉으로는 잘 적응한 것처럼 보인다. 하지만 실제로는 대상과의 경쟁에서 이겨 우위를 차지하거나 성취의 결과로 자신을 증명해 보이고 타인의 인정과 관심을 받았을 때만 일시적인 안정감을 느낄 뿐 대부분의 시간은 긴장과 불안 상태로 보낸다.

아이가 주변 세계를 투쟁 상태로 인식하고 그렇게 결론지어 버리면 언제 다시 짓밟힐지 모른다는 불안이 무의식적으로 활성화돼 생존 모드 안에서 일상을 보내게 된다. 이 아이에게는 성취와 성공이 안전을 의미하며 그 외의 것은 패배, 공포, 위험으로 여겨지기 때문에 최소한의 안전을 확보하기 위해 승리와 성취에 절박하게 매달리고 이를 얻기 위해 안간힘을 써서 노력한다.

예를 들어 중간고사에서 1등을 한 아이라면 다른 친구를 다 이겼다는 생각에 일시적인 만족감과 안도감을 느끼다가도 기말고사에서 같은 성적을 내지 못할까 봐 금세 다시 전전긍긍하며 초조함을 느낄 가능성이 크다. 골인 지점을 향해 달리는 것이 아니라 제자리에 서 있기 위해 러닝머신을 위를 계속 달리고 있는 셈이다. 또 주변 아이들을 내게 도움을 줄 수 있는 동료나 친구가 아니라 언제 내 자리를 뺏을지 모르는 경쟁자 또는 싸워 이겨야 할 상대라고 여기기 때문에 학교생활이 경계의 연속이 된다.

적응 실패가 겉으로 드러나지 않는 아이 중 일부는 생존 모드 상태에서 심리적 방어기제를 써 '가짜 내적 평화'를 만들기도 한다. 예를 들어 '아이들이 나를 싫어하니까 나도 걔들을 싫어하는 거야'(원인을 남 탓으로 돌리는 투사), '○○ 과목 성적이 낮게 나오는 건 내가 공부를 안 해서 그런 거지, 공부하기만 하면 내가 더 잘할걸'(회피 또는 합리화) 하고 생각하며 현실에서 도피하고 내적 위안을 얻고자 하는 것이다.

심리적 방어기제는 핑계와 구실의 방패 뒤에 숨어 마음을 달래는 잠깐의 자기위안에 불과하며 왜곡된 현실 인식이기 때문에 아이 미래에는 역기능적이다. 또 이런 대응이 지속되거나 반복되면 미성숙한 방어기제가 습관이 돼 부적응적인 대처 방식이 굳어지기 쉽다.

이상적인 경우라면 초기 적응 기간 이후 이완 모드로 전환이 이뤄져 아이가 친구 관계에서 신뢰감, 유대감, 안정감, 즐거움, 행복감을 느끼며 편안해지고 초기의 소모 상태를 재충전하며 스트레스에서 회복돼야 한다. 하지만 잘 적응하지 못하고 생존 모드에 갇혀버린 아이는 과부하가 걸린 채 에너지를 소진하고 있을 가능성이 높다. 이런 아이는 내재동기가 있어 열정과 즐거움으로 열심히 학교생활을 하는 아이와 겉으로 보기에는 별반 차이가 나지 않지만 내적 세계는 불안과 우울로 가득 차 있다. 마치 그리스신화에서 바위를 산 정상으로 끊임없이 올리는 형벌을 받은 시시포스처럼 긴장과 일시적 평화 그리고 다시 시작되는 긴장의 순환에서 허무함과 무력감을 느끼며 불행해진다.

이완기가 없는 생존 모드의 지속은 팽팽하게 당긴 고무줄과 같다. 긴장을 견디지 못한 고무줄은 언젠가는 끊어지기 마련이다. 회복과 안식 없이 생존 모드가 지속되는 아이도 결국 청소년기나 성인기 초반에 이르러 '이제 더는 못하겠다', '다 놓고 싶다', '아무것도 하고 싶지 않다'는 생각이 들며 번아웃 상태에 빠질 수 있다.

아동기에 회복탄력성을 길러야 하는 이유

내 진료실에는 유치원과 초등학교 시기 놀이나 장난, 여유와 휴식 없이 과도한 긴장 속에서 경쟁과 성취에 노출됐다가 청소년기나 20대 초반 초기 청년기에 무너져 찾아오는 환자가 많았다.

부모 눈에는 시험이 끝난 후나 방학, 저녁 자유 시간에 아이가 친구와 수다를 떨거나 노래나 운동, 게임을 하고 노는 행동이 시간을 허비하는 것처럼 보일 수도 있다. 하지만 사실 아이는 이때 스트레스에서 회복되고 있을 뿐 아니라 평판이나 인기, 친밀감을 확인하고 강화하면서 사회적 자원을 획득하고 축적해 장기적인 안정성과 이득을 도모한다.

청소년기와 청·장년기에 이르러 본격적인 경쟁 사회에 들어가기 전인 아동기에 스트레스 상황에서 적절히 이완할 수 있는 능력을 길러놓는 것이 좋다. 이때 기른 능력이 청소년기와 성인기에 경험하는 입시, 취업, 결혼, 승진, 내 집 마련 같은 경쟁적 상황에서 적절히 긴장을 이완하며 오래 달릴 수 있는 회복탄력성의 바탕이 되기 때문이다.

공포 상태에서는 눈앞에 닥친 일을 해결하기 급급해 시야가 좁아지고 한 가지에만 집중하지만, 이완 상태에서는 시야가 넓어지고 여유가 생기기 때문에 미래를 대비해 성장 발판을 마련하며 새로운 방식과 다양한 아이디어를 탐색하고 실험해볼 수 있다. 따라서 긴장을 유발하는 일을 겪어도 일정 시간이 지나면 이완하고 평온을 찾을 수 있는 회복탄력성은 아이의 장기적이고 지속 가능한 발전에 중요한 요소다.

회복탄력성은 어려움을 경험할 때 생존 모드에 돌입했다가 미주 브레이크를 걸어 안정 모드로 돌아오는 정서적·생리적 능력이다. 이 능력은 타고난다기보다는 익히고 배울 수 있는 것으로 영·유아기에 부모와의 상호작용에서 시작돼 아동·청소년기에 사회에서 반복해 갈고닦으며 능숙해진다.

앞에서 살펴본 전학은 비교적 가벼운 예시로 성인이 돼서도 새로운 사람과 관계를 맺고 새로운 공간에 적응해야 하는 변화는 계속된다. 어쩌면 이 같은 변화와 적응이 우리 삶 그 자체라고도 할 수 있다.

중요한 점은 어린 시절 변화와 스트레스에 반응하며 길러온 능력이 성인이 돼서도 똑같이 발휘된다는 사실이다. 초등학교 때 학교나 학원에서 쉬는 시간, 점심시간만 되면 친구와 모여 와자지껄 웃으며 수다를 떨고 보드게임이나 공놀이를 하며 놀면서 긴장을 푼 아이는 중학생이 되어서도 기말고사가 끝나면 친구와 같이 마라탕을 먹으러 가고 네컷 사진을 찍고 놀면서 스트레스를 푼다. 경쟁 구도를 유대감으로 전환함으로써 자연스레 감정적 회복을 꾀하는 것이다.

이렇게 어린 시절 생존 모드와 이완 모드 사이에서 적절히 균형을 잡아본 경험은 성인이 돼서도 일과 휴식, 고군분투와 향유, 긴장과 평온 사이에서 길을 잃지 않고, 일생을 행복하고 건강하게 살 수 있는 능력의 바탕이 된다.

Chapter 3

부정적 감정
소화하기

감정소화 레시피

생쌀이나 생감자를 먹으면 맛이 어떨까? 아마 한 입도 먹지 못하고 뱉어버릴 만큼 맛이 없을 것이다. 억지로 씹어 삼킨다 하더라도 제대로 소화되지 않아 속이 불편할 수도 있다. 쌀과 감자는 맛도 좋고 영양가도 높은 음식이지만 이 음식을 날것으로만 경험한 사람이 있다면 그 형편없는 맛 때문에 쌀이나 감자를 다시 봐도 먹지 않거나 피할지 모른다.

아이가(혹은 감정 처리에 익숙하지 않은 어른이) 느끼는 부정적 감정은 이렇게 익히지 않은 쌀이나 감자와 비슷하다. 재미, 즐거움, 기쁨 같은 긍정적 감정은 익히지 않고 먹어도 달고 맛있는 과일 같아서 있는 그대로 느껴도 소화하기가 어렵지 않다. 반면 부정적 감정은 쌀이나 감자처럼 '요리'라는 처리 과정을 거쳐야 먹기도 좋고 소화도 잘된다. 잘 소화한 실망, 슬픔, 분노는 그 경험에서 얻은 의미와 가치로 마음속에 기억된다.

아이에게 감정 다루는 법을 가르치는 것은 그 가정의 요리 비법을 전수하는 것과 비슷하다. 된장찌개를 끓일 때 어느 집이나 된장을 풀어 넣고 자박하게 지진다는 점은 공통적이지만 넣는 재료나 점도, 맛은 집집마다 조금씩 다르다. 그리고 그 찌개를 수십 년간 맛본 아이는 커서도 부모가 끓여준 찌개와 비슷한 맛과 형태의 찌개를 끓일 확률이 높다.

기본적으로 우리는 부모에게 배운 감정 처리법을 표준으로 삼아 비슷하게 모방하는 경향이 있다. 화가 났을 때 화를 참고 묵히는지 아니면 욱하면서 뱉어내는지, 불안할 때 친구나 가족을 만나고 전화를 하는지 아니면 자기 방으로 들어가 혼자 잠을 청하는지 또 불편한 관계는 피하고 끊어버리는지 아니면 다가가 갈등을 풀려고 노력하는지 등 가족은 수십 년간 매일 함께 생활하면서 무수한 상호작용을 통해 감정을 나눠 먹고 소화하며 감정을 처리하는 방식이 서로 닮아간다.

사실 아이는 먹는 일처럼 쉽고 단순해 보이는 행위도 생애 초기 2~3년간 부모와의 상호작용을 통해 매일 수차례씩 복잡한 과정을 거치며 정성스레 학습한다.

갓난아기를 키워보면 아이마다 위장 기능이 날 때부터 달라서 한 번에 많이 먹고 소화를 잘하는 아이가 있는가 하면 조금씩 자주 먹고 입맛도 까다로운 아이도 있다. 하지만 부모와 꾸준히 상호작용하면서 모두 수유 간격도 길어지고 뱃구레도 점차 키워나간다. 아이가 젖을 뗀 다음에도 부모는 아이에게 이유식을 먹이고 아이와 같이 식사를 하면서 오랜 기간 공을 들여 건강한 음식을 규칙적으로 편식 없이 먹도록 식습관을 형성해 나간다. 아이는 수년간 이런 과정을 거치며 음식 재료를 고르고 요리하고 먹는 행위를 학습한다.

아이마다 타고난 뱃구레가 다른 것처럼 타고나는 정서적 기질에도 차이가 있다. 작은 변화 자극도 크게 느끼는 민감한 아이가 있는가 하면 어지간한 변화가 아니면 불편해하지 않는 무던한 아이도 있다. 감정 기복이 큰 아이가 있는가 하면 안정적인 아이도 있다.

하지만 정서적으로 예민한 아이라 할지라도 부모가 아이의 뱃구레를 서서히 키우고 식습관을 잡아가듯 아이의 감정소화력을 키워주면 힘든 감정과 스트레스를 잘 소화할 수 있게 된다. 그리고 스스로 감정을 잘 다뤄 요리하고 감정을 충분히 느끼고 향유할 수 있는 어른으로 자랄 수 있다.

아이가 감정을 잘 소화하도록 도와주는 과정은 음식을 먹기 좋게 자르고 맛있게 익혀 먹이는 것과 비슷하다. 부모는 아이가 혼자 소화하기 버거워하는 화, 억울함, 우울, 슬픔, 실망, 불안, 미움의 감정을 받아 소화할 수 있도록 도와준다. 다시 말해 화가 나고 속상한 아이의 마음을 알아주고 그 마음을 충분히 쏟아낼 때까지 기다려주며 따뜻한 위로와 지지의 말을 보내준다. 마치 아이가 맛이 없어서 못 먹겠다고 내던진 분노와 짜증, 두려움도 기꺼이 받아 자기 것으로 만든 다음 잘게 자르고 부드럽게 익혀 아이가 먹기 좋은 형태로 만들어 되돌려주는 것 같다. 처음에는 감정 처리가 서툰 아이라도 부모와 이 같은 상호작용을 반복하면서 점차 감정 처리 방법을 자기 것으로 내재화한다.

부정적 감정은 불필요하거나 나쁜 것은 아니지만 아이 혼자 소화하기는 쉽지 않다. 따라서 부모는 아이가 분노와 불안, 미움, 질투, 두려움을 단순히 억누르거나 내던지지 않고 삶의 양분으로 삼을 수 있도록 도와줘야 한다. 잘 소화된 부정적 감정은 가치와 의미라는 양분으로 흡수되고 그 경험이 아이의 일부가 된다. 편식 없이 골고루 잘 먹는 아이가 잘 성장하는 것처럼 부모의 감정 교육은 긍정적 감정을 많이 느끼도록 하는 데만 편향돼서는 안 되며 부정적 감정도 제대로 느끼고 잘 받아들일 수 있게 하는 것이 중요하다.

예를 들어 1~2세 정도 되는 아주 어린아이라면 아이가 울고 떼쓰는 데 좀처럼 달래지지 않을 때 "우와! 이것 봐라? 토끼 인형이 있네! 토끼 인형이 같이 놀자고 하네요?"라면서 주의를 돌리고 호기심과 웃음을 유발해 부정적 감정을 긍정적 감정으로 전환하는 방법을 쓸 수 있다. 아직 감정소화력을 키울 준비가 되지 않은 나이기 때문이다.

반면 6~7세 정도의 말이 통하는 나이가 된 아이라면 부정적 감정도 일부 소화할 준비가 돼 있기 때문에 아이가 울고 떼를 쓸 때 그 감정을 읽어주고 아이가 이를 피하거나 넘겨버리지 않고 충분히 느끼도록 기다려주며 처리하도록 도와줄 수 있다.

조용한 식당이나 영화관에서 아이가 소란을 피우는 것처럼 급히 상황을 마무리 지어야 하는 경우가 아니라면 부모는 시간이 좀 걸리고 버티기 힘들다 할지라도 "알았어. 엄마가 원하는 것 사/보여/시켜줄게. 그만 울어"라고 말하며 상황을 넘기지 않고 아이 옆에서 아이가 느끼는 감정을 같이 인정하고 다루며 이를 소화할 때까지 기다려줘야 한다.

아이를 키워본 사람이라면 공감하겠지만 아이가 울고 떼쓰고 짜증 낼 때 아이가 원하는 대로 해주거나 주의를 환기하는 것보다 아이의 좌절, 분노를 함께 버텨주는 것이 훨씬 힘들다. 부정적 감정을 아이에게 먹이고 소화하게 도와주는 일은 그 감정을 치워버리는 것보다 번거로울 수 있지만 필수적이며 영양가도 높다.

부정적 감정을 소화하는 과정

우리가 실망, 실패, 좌절을 겪은 후 느끼는 일련의 감정은 부정적 감정의 어두운 터널을 지나는 것과 비슷하다. 비록 크기 차이는 있겠지만 작은 실망이든 큰 좌절이든 충격에서 회복되는 과정은 비슷한 단계를 거친다. 스위스 출신의 미국 정신과 의사이자 임종 연구 분야 개척자인 엘리자베스 퀴블러 로스(Elisabeth Kübler-Ross) 박사는 말기 암 환자가 죽음을 수용하는 과정에서 관찰한 감정 변화를 정리해 슬픔의 5단계를 다음과 같이 정의했다.

부정 → 분노 → 우울 → 타협 → 수용

하지만 부정에서 분노로 한 단계만 이행하는 과정도 상당히 길고 어렵기 때문에 이 모든 과정을 거쳐 부정적 사건을 마음 깊이 겸허히 받아들이는 '수용' 단계에 이르는 사람은 소수에 불과하다.

일상에서 일어나는 부정적 사건에 대한 실망과 좌절은 불치병이나 죽음에 비하면 사소하고 미약할지 모르나 이 역시 5단계의 일부를 거치거나 짧고 가볍게라도 감정 터널을 지나야 비로소 처리가 되고 마음으로 받아들여진다. 트라우마로 인한 충격이 수용

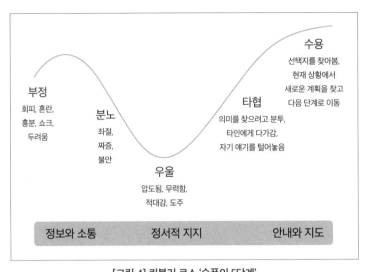

[그림 4] 퀴블러 로스 '슬픔의 5단계'
'정보와 소통, 정서적 지지, 안내와 지도'는 각 단계별 적절한 대응 방법이다.

에 이르지 못하고 중간 단계에 멈추면 부정이나 분노, 우울에 고착되는데 이는 소화되지 못한 음식이 속에 걸려 계속 불편한, 일종의 감정이 체한 상태와 같다.

부정에서 긍정과 수용으로의 전환은 인스턴트식품처럼 5분 만에 완성되지 않는다. 밥 한 그릇을 차리는 데도 쌀을 씻고 밥솥을 안치고 쌀을 익히고 뜸을 들이는 과정이 필요한 것처럼 감정을 수용하는 데도 복잡한 과정과 노력, 절대적 시간이 필요하다. 또 요리에 능숙해지려면 재료를 이해하고 레시피를 숙지해 여러 번 요리해보는 과정이 필요한 것처럼 감정 수용에 능숙해지려면 이해와 연습, 반복과 숙달이 필요하다.

요리 도중 섣부르게 불을 꺼버리면 재료가 제대로 익지 않아 음식을 망칠 수도 있듯이 충분히 느끼고 처리되지 않은 채 부정, 회피, 합리화나 정당화로 피해버린 감정은 설익어 제대로 소화되지 못한 채 마음속에 응어리로 남는다. 부정적 감정을 느끼며 처리하는 과정은 비록 불편하고 번거로울 순 있지만 그 감정이 충분히 소화되고 흡수되면 실패의 경험에 새로운 의미와 가치가 부여되고 그 경험에서 얻은 양분이 성장의 바탕이 된다. 그리고 그런 좌절을 여러 번 겪어본 사람은 다음 번 좌절도 성공적으로 이겨낼 가능성이 높다.

예를 들어 회사원 A가 야근과 주말 출근도 마다 않고 누구보다 열심히 프로젝트에 참여해 큰 성과를 내고 주변의 인정도 받았는데 막상 인사 발령에서는 그 성과를 가로챈 다른 직원이 승진했다고 하자. A는 당연히 분하고 억울한 마음이 먼저 들지 '최선을 다했으니 괜찮아, 다음 인사 발령을 기대하자' 하며 한 번에 긍정적인 생각으로 감정을 정리하긴 어려울 것이다. 안 좋은 일이 생기면 우리 마음에 부정적 감정 반응이 먼저 일어나기 때문이다. 이는 칼에 베이거나 불에 데면 아픔을 느끼는 것처럼 너무나 자연스럽고 당연한 일이다.

승진을 못한 A는 눈을 비비고 혹여 자신이 잘못 본 건 아닌지 발령 공고를 다시 한 번 확인해볼 것이고(부정) 승진 명단에 자신의 이름이 없다는 것이 부인할 수 없는 사실로 판명되면 무능력하고 야비한 직원은 승진했는데 최선을 다했고 성과도 상당한 자신은 제대로 평가받지 못했다는 생각에 억울하고 화가 치밀어 오를 것이다(분노). '이번이 아니어도 올해 안에만 승진하면 되지 뭐' 하면서 자신을 위로하고 긍정적으로 생각해보려 하지만(타협) 마음속에 치미는 분노는 금방 사그라들지 않는다. 사무실에서 나 대신 승진한 그 직원을 마주치면 볼 때마다 화가 나고 속이 쓰리다. 배달 음식으로 배를 채우던 야근이나 사무실을 홀로 지키던 주말 출근 기억이 떠오르면 우울함이 밀려온다. '회사고 뭐고 다 소용없다', '무의미하다'는 생각이 들어 출근할 의욕도 안 생기고 일도 재미가 없다(우울).

그러다 힘들어하는 A의 모습을 본 가까운 동료 몇몇이 A 마음을 이해해주고 위로해준다. A도 가까스로 마음을 잡고 출근을 하다 보니 어느새 새로운 프로젝트에 참여하게 되고 다시 일에 몰두하다 보니 재미가 붙는다. 지난번 승진을 못한 건 아쉽지만 새 프로젝트를 함께하는 동료들과 합도 잘 맞고 다양한 일을 많이 배우게 돼 이 팀에서 프로젝트를 진행하는 것도 나름 잘된 일이라는 생각이 든다(타협). 주변에 자신의 속상함과 억울함을 이해해주고 능력을 인정해주는 동료들이 있어 위안과 힘이 된다. 오히려 위기가 기회가 된 것 같다는 생각을 하며 다음 계획을 세워본다(수용, 희망).

위기나 실망, 좌절을 경험할 때 중요한 점은 그 사건에 자동으로 따라오기 마련인 분노, 억울, 우울, 허탈 같은 부정적 감정의 터널을 피하거나 건너는 도중에 멈추지 않고 의연히 지나는 것이다. 이 터널을 통과하는 과정은 때로 끝나지 않을 것처럼 너무 길고 두렵게 느껴지며 고통스럽다. 그래서 많은 사람이 감정 터널에 들어가지 않으려고 피하거나, 들어갔지만 끝까지 갈 용기가 나지 않아 멈춰버리거나 터널 안에서 길을 잃기도 한다. 하지만 가슴 속에 차오르는 불편한 감정을 순서대로 충분히 느끼고 바라봐야 한다.

이 어두운 감정의 터널에 기꺼이 뛰어들어 긴 과정을 무사히 지나오는 용감한 사람은 기분 나쁘고 괴로운 시간을 통과하면 수용과 의미가 나타난다는 좋은 결과를 수차례 경험했고 이번에도 그러리라는 믿음과 희망이 있는 사람이다. 아마도 이런 사람은 어린 시절 힘든 일을 겪었을 때 부모와 함께 손전등을 들고 좌절과 실패의 터널을 통과해본 경험과 노하우가 있기에 어른이 돼서도 혼자 부정적 감정의 터널을 쉽게 통과할 수 있었을 것이다.

요리 재료는 개인이 타고나는 정서적 기질로 손질하기 까다롭지만 멋진 재료도 있고, 다루기 쉽고 편하며 두루 쓰일 수 있는 재료도 있다. 처음에는 아이가 보조 요리사로 부모에게 감정 요리법을 보고 배운다. 그렇게 20년 가까이 긴 수련 기간을 거친 후에야 자기감정을 직접 요리할 수 있는 요리사가 된다. 이런 감정 요리 교육의 시작은 아이라는 보조요리사가 처음 이 세상에 태어나 엉엉 울고 있을 때 다가와 꼭 '안아주는' 부모의 위로에서 시작된다. 즉, 감정소화력 키우기의 첫 단계는 부모와 아이 사이의 애착 형성이라고 할 수 있다.

Chapter 4

로드맵으로 보는
회복탄력성

회복탄력성의 두 기둥: 정서와 인지

실패하거나 실망스러운 일이 있을 때 우리는 충분히 쉬면서 자기를 돌보거나 믿을 수 있는 대상을 찾아가 위안을 얻는다. 조용하고 편안한 장소에서 따뜻한 코코아를 마시며 휴식을 취하기도 하고, 엄마나 친구를 만나 속상한 마음을 털어놓고 울기도 한다. 하지만 이런 물리적 자원에 항상 접근할 수 있는 것은 아니며 자기돌봄이나 외적대상에게서 얻는 위안만으로는 감정 회복이 충분하지 않을 수도 있다.

이때 필요한 것이 자기조절력이다. 자기조절력은 우리 마음속에 장착된 더 본질적인 자원이라 할 수 있다. 마음은 크게 정서와 인지 두 영역으로 나뉜다. 생각을 바꾸려면 먼저 실패에 뒤따르는 부정적 감정을 소화(감정소화력)할 수 있어야 한다. 또 감정을 소화하고 난 뒤 현재에 안주하지 않으려면 유연하게 생각을 바꿔 문제를 해결하는 능력(인지적 유연성)이 뒷받침돼야 한다. 감정소화력과 인지적 유연성이 모두 갖춰져야, 즉 자기조절력이 있어야 실패와 실망을 딛고 일어서 극복할 수 있으며 용감하게 새로운 도전을 할 수 있는 것이다. 자기조절력을 바탕으로 도전과 실패를 반복하고 시행착오를 겪으면서 쌓이는 경험은 자신감과 자존감을 받치는 기둥이 된다.

앞서 말했듯 아이의 회복탄력성은 타고나는 것이 아니라 양육으로 키울 수 있는 능력이다. 아래 로드맵을 보면 양육을 통해 키워줄 수 있는 정서적 자원은 하트, 인지적 자원은 다이아몬드로 표

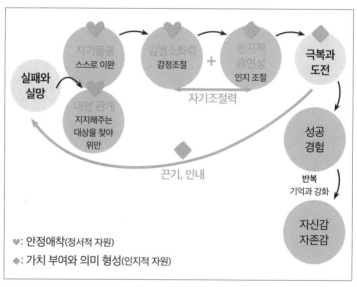

[그림 5] 회복탄력성 로드맵

♥만 있는 아이는 안정되고 긍정적이긴 하나 현실에 안주할 수 있다. ◆만 있는 아이는 성공할 순 있으나 불안하고 행복하지 않을 수 있다. ♥와 ◆가 모두 갖춰져야 성취할 때까지 도전하고 성취 후에도 새로운 목표를 탐색할 수 있다.

시돼 있다. 정서적 자원의 핵심 요소는 안정애착이며, 인지적 자원의 핵심 요소는 가치 부여와 의미 형성이다. 안정애착은 낙관적 세계관의 뼈대가 되며 힘든 상황에서도 용기와 희망을 불어넣는 보호인자다. 가치를 부여하고 의미를 형성할 수 있는 능력은 힘들고 어려운 일도 더 큰 맥락에서 바라보고 새롭게 해석할 수 있게 하기 때문에 위기 상황에서 돌파구를 마련하는 동력이 된다.

정서 기둥: 따뜻한 기억의 힘

정서적 측면에서 회복탄력성의 핵심 요소는 부모와 아이의 애착으로 이는 이미 여러 연구에서 반복적으로 확인된 결과다. 우리가 삶에서 생길 수밖에 없는 실망스러운 일에 얼마나 잘 대처할 수 있는지 예측하는 데 가장 중요한 단서는 생후 첫 2년 동안 1차 양육자에게서 얻은 안정감 수준이라고 한다. 다시 말해 2세 아이일 때 부모가 그 아이를 얼마나 사랑스러워했는지 알면 성인기 회복력을 예측할 수 있다는 것이다.

한 동물 연구에서는 새끼가 태어나고 첫 12시간 동안 어미 쥐가 얼마나 핥아주는지가 스트레스에 반응하는 새끼 쥐 뇌의 화학물질에 영구적인 영향을 주는 것으로 밝혀졌다. 어미가 열심히 핥아

준 새끼는 관심을 덜 받은 새끼에 비해 스트레스 환경에서 더 용감하게 행동하며 스트레스 호르몬도 더 적게 분비된 것이다.[1]

철사원숭이 애착 실험으로 유명한 심리학자 해리 할로우(Harry Harlow)의 제자이자 미국 국립보건원 동물행동학자 스티븐 수오미(Stephen Suomi) 박사는 붉은털원숭이를 대상으로 한 기질과 양육 행동 연구에서 어린 원숭이의 사회성은 비록 기질이 결정하는 부분이 있긴 하지만 환경, 특히 애착에 상당한 영향을 받는다는 사실을 밝혀냈다.

수오미 박사에 따르면 붉은털원숭이 새끼의 마음 자세나 행동 형성에 생후 첫 6개월간 유대감 조성 및 양육이 결정적 영향을 준다고 한다. 그는 유전자를 토대로 원숭이를 '걱정 많은 원숭이'와 '자신감 많은 원숭이'로 분류한 뒤 관찰했다. 그리고 천성적으로 걱정과 두려움이 많다고 판단되는 새끼 원숭이들을 따로 떼어 진짜 어미 대신 늘 새끼를 지켜보며 잘 돌보는 다른 어미 원숭이에게 맡겼더니 이들이 의외로 사회성이 뛰어난 원숭이로 자랐다. 이 원숭이들은 다른 원숭이에게 도움도 잘 청했고 자신이 속한 조직 내에서 가장 높은 자리를 차지하기도 했다.[2]

동물뿐 아니라 사람도 마찬가지다. 한 사람의 회복탄력성에서 유전적 요인이 차지하는 비중은 30퍼센트 정도라고 한다. 회복탄력성의 상당 부분이 비유전적인 요인에서 비롯된다는 것이다.[3] 물론 아이의 타고난 기질은 정서적 특질을 결정하는 강력한 요인이며 무던한 아이가 대수롭지 않게 여기는 경험에도 예민한 아이는 하늘이 무너지는 것 같은 심리적 고통을 느낄 수 있다. 하지만 중요한 사실은 더 잘 놀라고 더 예민한 아이도 좋은 부모를 만나면 잘 자라며 기질의 영향이 상쇄된다는 점이다.

아이가 처음 접하는 세상은 부모이며 좋은 부모 아래서 자란 아이는 세상은 대체적으로 좋은 곳이라는 믿음을 가진다. 이런 아이는 나쁜 상황에 처하더라도 해결해나갈 방법을 상상할 수 있고 가족 안에서 보호받으므로 안전하다고 느낀다. 이는 살면서 맞닥뜨리는 여러 위기와 역경을 견딜 수 있는 완충제 역할을 한다.

애착 관계가 확실히 형성된 아이는 무엇이 자신을(그리고 다른 사람을) 기분 나쁘게 하는지 알며, 어떻게 해야 기분이 좋아질 수 있는지 배운다. 따라서 주체 의식을 갖고 자신의 느낌과 다른 사람의 반응에 따라 행동을 바꿀 줄 알고, 자신이 통제할 수 있는 상황과 외부의 도움이 필요한 상황을 구분할 수 있다. 의지할 수 있고 책임감 있는 부모에게 양육된 경험은 아이가 두려움과 불안감을 해결할 수 있는 힘을 갖게 한다.

반면 정서적으로 방치하는 부모에게 양육되는 경험을 한 아이는 자신의 두려움과 억울함, 슬픔을 양육자가 인식하지 못한다는 사실을 깨닫는다. 아무리 불러도 오지 않고 아무리 울어도 듣지 않는 부모는 아이에게 무력감을 준다. 힘들 때 관심과 도움을 요청하는 표현이 반복해 묵살되면 아이는 이런 요청을 체념하게 된다. 이렇게 학습된 무력감은 아이가 어려움에 직면했을 때 그냥 포기하거나 당연히 받을 수 있는 도움도 요청하지 않게 되는 결과를 낳을 수 있다.

사람은 다른 동물에 비해 스스로 생존할 수 있는 능력이 거의 없는, 취약하고 의존적인 상태로 태어난다. 기린이나 사슴은 태어난 지 몇 분 안에 혼자 먹고 서고 걸을 수 있다. 하지만 사람은 비슷한 기능을 얻는 데 수년이 걸리며 성인이 돼 부모에게서 독립하기까지는 거의 20년이라는 오랜 시간이 소요된다.

사람을 키우는 일은 왜 이리 비효율적일까 하는 의문이 들 수도 있지만 미성숙하게 태어난다는 것은 선천적으로 결정되는 부분에 비해 후천적 환경에 의해 바뀔 수 있는 부분이 많음을 뜻하며, 성인이 되는 데 오랜 시간이 걸린다는 것은 부모의 양육이 개체의 성장에 큰 영향을 미침을 의미한다. 다시 말해 사람은 다른 동물에 비해 훨씬 더 많은 변화 가능성을 안고 태어나며 아이의 성장과 발달의 상당 부분이 양육과 환경에 의해 좌우될 수 있다는 것이다.

애착은 감정소화력의 근원

감정소화력 역시 타고나는 것이 아니라 양육을 통해 배워나가는 기술이다. 감정소화력을 다른 말로 표현하면 애착 경험의 기억, 내면화된 애착이라 할 수 있다. 아기는 힘든 감정을 스스로 조절할 수 없는 상태로 태어난다. 따라서 배가 고프거나 불편한 느낌이 들면 괴로움이나 분노, 불안을 참지 못하고 곧바로 울음을 터뜨린다. 그러면 부모가 달려와 배불리 먹여주고 불편한 점을 찾아 없애주며, 놀라고 화난 마음을 위로하고 달래준다. 아기 혼자서는 안정된 느낌을 만들어낼 수 없기 때문에 스스로 감당하기 힘든 감정을 다룰 수 있도록 도와줄 '애착 대상'이 필요한 것이다.

민감성(sensitivity)이란 유아의 욕구와 의도에 적절하게 반응하는 과정을 말한다. 아이의 감정소화력은 애착 대상의 민감성 정도, 즉 주 양육자가 아이 감정에 얼마나 민감하게 반응하는지에 따라 결정된다. 애착 대상이 아이가 표현한 것에 조율된 반응을 보여준다면 그 반응은 아이 내면에 통합될 수 있다.

반면 양육자가 아이 요구를 무시한다든지, 예측하기 어렵거나 겁을 주는 식의 반응을 보이면 이는 아이에게 받아들여지지 못하고 방어적으로 배제되거나 왜곡될 수 있다. 아이 내면에 통합된 부모의 반응 방식은 이후 건강한 성숙 궤도를 따라 발달할 수 있지만 통합되지 못한 것은 미발달 상태로 남는 경향이 있다.

예를 들어 아기가 거실에서 놀다가 문득 고개를 들어보니 엄마가 보이지 않는다고 하자. 아기는 놀라고 불안해 울음을 터뜨릴 것이다. 이때 아기 울음소리를 들은 엄마가 아기가 놀랐음을 알아채고 달려와 아기를 안아주면서 "우리 아기, 엄마가 안 보여서 놀랐구나. 걱정했지?"라고 마음을 알아주고 달래주는 반응을 보이면 아기는 엄마의 조율된 반응성을 내재화한다. 이렇게 상호작용한 경험은 안정화 기제가 돼 아이 마음 일부로 통합되며 아이에게는 이후 엄마가 보이지 않아 놀라고 불안한 마음이 들더라도 '엄마가 곧 오겠지' 하고 스스로 마음을 가라앉히는 감정소화력이 생긴다.

반면 아기가 아무리 울어도 엄마가 오지 않거나 엄마가 왔지만 오히려 짜증을 내고 소리를 지르면, 아기는 놀란 마음과 울음을 위로받지 못하게 되고 애착 대상의 도움을 받아 자기감정을 적절히 조절하는 데 실패한다. 아기는 긴장 상태를 무한정 지속할 수 없기 때문에 결국 미봉책으로 자기감정에 벽을 쳐 스스로를 보호하는 방어기제를 쓰게 된다.

이렇게 부정적 감정을 부정, 억압, 회피하는 습관은 아이의 감정적 급소로 남는다. 아이는 스트레스를 받거나 걱정이 있을 때 타인에게 도움을 요청하거나 감정적 지지를 구하는 건강한 의존 능력과 신뢰 능력을 얻을 수 없기 때문에 자라면서 그 감정을 혼자 참고 억누르거나 보지 않고 피하는 방식으로 해결하려 할 것이다. 즉, 어릴 때 생긴 애착 손상은 성인이 돼서도 무의식적으로 감정을 억압하거나 회피하는 경향으로 이어질 수 있다. '어차피 다른 사람에게 얘기해도 이해 못할 거야. 혼자 해결하는 게 빨라', '힘든 일을 남에게 얘기해서 좋을 게 없어. 남에게 고민을 털어놓는 것은 피해를 주는 일이야' 하고 생각하는 식이다. 보통 억압과 회피는 효과적인 감정소화법이 아니기 때문에 이런 방어기제를 자주 쓰는 사람은 쉽게 동요되고 스트레스에 취약해질 수 있다.

하지만 매번 아이에게 반응하지 못했다고 해서 크게 걱정할 필요는 없다. 10번 중 7~8번 정도만 반응해도 충분히 민감한 반응이라 할 수 있다. 부모는 결코 완벽한 존재가 아니며 2~3번 정도는 집안일로 바쁘거나 급히 외출했거나 아니면 그저 좀 지쳐서 반응해줄 수 없을 때도 있다.

아이의 정서에 양육자가 보이는 반응의 질은 아이가 선택하는 주된 애착 전략의 본질(안정/불안정)을 결정짓는 데 매우 중요하다. 안정애착의 경우 양육자의 반응은 아이의 고통을 완화하고 긍정적 감정을 증폭하는 데 도움이 된다. 또 안정애착 관계의 아이는 위기 후 엄마에게 다가가 접촉함으로써 '위안'을 찾는 데 성공하며 감정적 회복 후 탐험과 놀이를 재개한다. 안정애착을 형성한 아이 내면에는 타인과의 연결이 안도와 위안, 만족감의 원천이 될 수 있다는 감각 그리고 자기 자신은 유능하고 꽤 괜찮은 사람이며 사랑받고 수용될 수 있다는 감각이 남는다.

안정애착 부모는 현재에 머무르고 사려 깊으며 감정에 열려 있지만 이에 휘둘리진 않는다. 대부분의 경우 부모와 자녀 사이의 애착 패턴은 세대를 걸쳐 양육을 통해 경험적으로 학습되고 전달되기 때문에 조부모와 부모의 패턴이 부모와 아이의 패턴으로 그대로 대물림되는 경우가 많다.

하지만 애착 유형이 내 부모나 이미 지나버린 과거로 인해 결정돼 버렸다고 낙심할 필요는 없다. 비록 어린 시절 안정애착을 경험하지 못했다 할지라도 성인이 돼 안정애착을 '획득'하고 자신의 자녀와는 안정애착을 맺는 부모도 있다.

이들은 보통 성장기에 가까운 친구나 연인처럼 감정적으로 중요한 관계에서 안정애착을 획득한 경우로 부모와의 좋지 않은 기억을 떠올리더라도 과거로 휩쓸려가지 않는다. 자신의 애착 경험을 성찰하는 메타인지적 모니터링을 통해 자기감정에 매몰되지 않고 상대의 신호를 받아들이는 여유가 있기 때문이다. 요리를 못하는 사람도 책이나 SNS, 유튜브 동영상 등을 통해 다양한 레시피를 보고 직접 따라 해보며 요리 실력을 기를 수 있듯이 안정애착을 형성하는 법도 지속적 관심과 노력을 통해 습득할 수 있다.

불안정애착 부모는 아이와의 감정대화를 의식적, 무의식적으로 거절한다. 타인의 불안, 짜증, 분노 같은 부정적 감정을 마주하기가 불편하고 이를 어떻게 다뤄야 할지 모르는 경우 "울지 말고 웃어. 넌 웃을 때 더 예뻐"라며 아이의 감정을 부정하고 통제하려 들거나 "이제 그만 울어. 놀이터 가서 놀자"라고 화제를 전환해 감정 대화를 피하려 할 수 있다.

자신의 감정이나 관심사에 몰두해 아이의 감정 표현을 놓치고 반응하지 않거나 엉뚱하게 반응하는 부모도 있다. 예를 들면 아이가 동생과의 장난감 쟁탈전 때문에 화가 나서 짜증을 내는데 엄마는 어린 시절 오빠에게 장난감을 뺏겼던 기억이 떠올라서 "동생한테 좀 양보할 수도 있지, 왜 그걸 가지고 그러니?"라고 해결되지 않은 자기감정을 아이 상황에 이입해 아이에게 공감하지 못하는 것이다. 또는 몸은 집에 있지만 마음은 퇴근할 때 끝내지 못한 업무 걱정으로 가득 찬 탓에 아이 불만에는 건성으로 대꾸해버려 사실상 무반응이나 마찬가지인 반응을 할 수도 있다.

사실 안정애착은 끝없는 단절과 복구의 경험이며 아이 요구에 완벽하게 반응해주는 것이 중요하진 않다. 앞서 말했듯 현실에서는 어떤 부모도 완벽할 수 없기에 가끔 거절이나 무반응이 있을지라도 '대체적'으로 일관되면 충분하다. 또 자신의 반응이 부적절했음을 알아채고 나중에라도 민감하지 못했던 반응에 속상했을 아이 마음을 이해해 준다면 애착 손상도 충분히 회복될 수 있다.

다시 말해 여러 가지 이유로 아이의 감정적 요구를 거절하거나 무시하게 되더라도 부모가 성찰과 메타인지적 모니터링을 통해 자신의 실수를 인지하고 아이와 함께 손상을 회복하는 과정을 거치면 안정적인 애착을 이어갈 수 있는 것이다.

가정을 아이의 안식처로 만들자

영·유아기에 아이가 경험하는 부모와의 상호작용은 모든 관계의 원형인 동시에 애착 환경이다. 아이는 일관되고 반응적인 상호작용에서 내적으로는 스스로 감정을 조절하고 소화하는 심리적 메커니즘을 배우며 외적으로는 잘 먹고 잘 쉬고 잘 자는 등의 자기돌봄 방식을 배운다.

내 주변은 안전하고 따뜻하며 보호받는 환경이라는 어렴풋한 느낌은 성장하면서 세상은 안전하고 살 만한 곳이라는 세계관으로 일반화된다. 아이는 이때 형성된 세상과 타인에 대한 신뢰와 희망이라는 자원을 바탕으로 실패하거나 실망하는 일이 생겨도 다시 용기를 내 도전할 수 있다. 타인을 신뢰하고 긍정적으로 바라보는 시선은 성인이 돼서도 지속적으로 대인 관계에 영향을 미치며 다른 사람과의 관계를 안정적으로 유지하는 원동력이 된다. 안정적인 인간관계는 아이가 역경에 처했을 때 정서적 지지가 될 뿐 아니라 현실적으로 기회와 도움을 주고받을 수 있는 사회적 자원이기도 하므로 심리적 회복탄력성 이상의 가치를 지닌다.

아동·청소년기에는 부모가 자녀의 롤모델 역할을 한다. 다시 말해 영·유아기에는 부모를 두루뭉술하게 '환경'의 일부로 내게 우호적인지 믿을 만한 곳인지 정도로만 파악했다면, 이 시기에는 구체적 인물 혹은 대상으로 인식하며 아이는 부모를 모방하면서 실제적 기술(소통 방법, 대인 관계, 문제 해결 능력)을 익힌다. 또 부모의 삶의 방식을 내재화하면서 그 가치관과 방향성을 본뜨기도 한다.

회복탄력성을 키우기 위해서는 애착과 감정적 성숙도 중요하지만, 문제를 분석하고 가치를 따져 현명한 판단을 하고 필요하다면 적절한 시기에 적절한 사람에게 도움을 구하는 인지적·사회적 문제해결력도 이에 못지않게 중요하다. 영·유아기에는 부모가 애착과 정서 발달에 집중했다면 아동·청소년기에는 인지 발달로 영향력의 무게추가 기운다. 그리고 청소년기를 지나 청년기가 되면 아이는 이제 부모에게서 심리적으로 독립해 1명의 성인으로 사회에 나갈 수 있게 된다.

그런데 진료를 하다 보면 부모가 아이를 위해 잘하려고 노력하는 방향이 잘못돼 영·유아기에는 애착 형성보다 인지 발달에 힘쓰고 아동·청소년기에는 자아상과 가치관 형성보다 입시에 힘쓰며 청년기에는 아이를 독립시키지 못해 지나치게 간섭하는 경우를 자주 본다. 아이의 회복탄력성을 키우고자 하는 입장에서는 안타깝고 답답한 마음이 들 따름이다.

부모와 가정은 사회와 대비되는 의미의 환경으로 기능하기도 한다. 현대사회에서 가정은 사회가 기대하고 요구하는 형태와는 다른 논리를 지닌 하부 시스템이다. 사회에서는 생산성 향상을 위한 경쟁과 협력, 성취와 성공이 중요한 덕목이지만, 가정은 약자를 돌보고 보호하며 구성원에게 여가와 안식을 제공함으로써 사회와는 다르게 기능한다. 가정이 회복과 안식, 이완, 재충전 장소로 사회생활에서 받은 스트레스와 긴장을 풀고 마음 놓고 회복할 수 있는 환경을 마련해주는 것이다.

아이의 성장기에 가정환경이 이런 안식과 재충전의 기억, 경험을 충분히 제공했다면 이것이 내재화돼 아이가 성인이 돼 독립한 후에도 내면의 안식처로 기능하거나, 현실에서 직접 안식과 재충전을 제공하는 관계와 가정을 꾸리고 일궈나갈 수 있는 능력으로 작용한다. 반면 가족 간 불화나 성취에 대한 압박으로 집에서도 만성적인 긴장 상태가 지속됐다면 스트레스나 위기에 대한 아이의 회복탄력성은 떨어질 수밖에 없다.

정서적 지지자가 되어주자

아이가 부모에게서 배우고 익히는 것 대부분은 인지 학습보다는 정서 학습에 더 가깝다. 예를 들어 '돼지는 포유류다', '오리 다리는 2개다' 같은 객관적 지식을 학습할 때 아이마다 고유의 의미를 형성하지는 않는다. 반면 정서 학습은 두려움, 슬픔, 안심, 기쁨, 즐거움 같은 감정 경험과 함께 개인적 의미로 기억된다.

감정은 이익과 위험을 마음에 기록하는 것 외에도 여러 기능을 한다. 행동과 목적에 가치를 부여하고 스트레스에서 우리를 보호하며 소통을 통해 공동체와 가족을 연결하고 소속감을 느낄 수 있게 한다. 정서적 반응은 우리 감정이 무엇에 주의를 기울일지, 무엇에서 배워야 하는지, 필요하다면 무엇을 기억해야 할지 말해준다. 따라서 같은 경험을 하더라도 개인마다 다른 감정을 느끼기 때문에 다르게 기억하며 다른 의미와 가치를 부여한다.

학교나 기관에서 배우고 기억하는 것과 비교하면 부모와 아이가 공유하는 기억은 정서적 기억일 확률이 높다. 거짓말을 해 부모에게 혼난 기억, 선물을 주고받으며 행복했던 기억, 시험을 망쳐 기가 죽었을 때 격려받은 기억, 가족여행을 가서 즐거웠던 기억 같은 정서적 기억은 아이 삶에 의미와 가치를 부여함으로써 삶의 깊이를 더하고 방향성을 제시한다.

감정 경험이 지속·반복되면 뇌의 해당 부분 시냅스가 강화되고 구조적 변화가 일어나 자극을 받고 반응하기까지의 시간이 짧아지며 반응 강도도 강렬해진다. 이런 현상을 신경가소성(neural plasticity)이라고 하며 이는 모든 학습에 적용된다. 약 18년에 걸쳐 1년 365일 매일같이 반복되는 인간의 긴 자녀 양육 기간을 고려하면 부모가 자녀 뇌의 구조적 변화에 얼마나 큰 영향을 줄지 상상이

가지 않을 정도다.

단순한 예로 어린 시절 힘들고 피곤할 때마다 엄마가 끓여준 뜨끈한 김치찌개를 배불리 먹으면서 쉬던 경험이 반복돼 그 정서적 기억과 의미가 '뇌에 새겨지면' 어른이 돼서도 지칠 때 비슷한 맛의 김치찌개를 먹으면서 과거의 따뜻하고 평온한 느낌을 되살려 재경험할 수 있다. 감정기억은 정서적 재산이며 이런 추억이 많을수록 힘든 시기에도 안정감과 편안함을 바탕으로 회복할 확률이 높아진다.

반대로 밤마다 아버지가 술을 마시고 와 엄마와 싸우는 일을 자주 경험하면 어두운 밤과 술 냄새라는 자극이 두려움이라는 감정과 함께 기억에 저장돼 나중에는 어두운 밤에 술 냄새만 맡아도 공포심과 혐오감이 느껴질 수도 있다. 물론 같은 밤과 술이라도 즐거운 파티나 가족 모임이라는 경험과 함께 반복됐다면 이는 즐거움과 기대감, 흥분이라는 감정을 불러일으킬 것이다.

다만 아이와 든든한 애착을 형성하고 정서적 지지자가 돼주라는 말이 아이가 도와달라고 떼를 쓰면 부모가 대신해주고 아이가 좌절해서 속상해할 때 그 감정을 다 받아주며 응석받이로 만들라는 뜻은 아니다. 구체적인 실천 방법은 이어지는 장에서 설명하겠지만 안정애착과 정서적 지지는 아이가 부정적 감정의 터널을 지나며 힘들어할 때 부모가 아이의 한 걸음 뒤에서 묵묵히 함께 걸어

가주고 충분히 기다려주는 것이다.

아이에게 운전을 가르쳐주는 상황이라고 생각해보자. 운전이 서툰 아이를 뒷자리로 보내고 부모가 대신 운전을 해준다든지, 아이 기분을 좋게 해주겠다며 운전을 못하는데도 무조건 잘한다고 칭찬을 하면 어떻게 될까? 아이는 끝내 운전을 할 줄 모르는 사람이 되거나 운전이 서툰데도 위험하게 주행해 큰 사고를 일으킬지 모른다.

정말로 아이가 운전을 잘하도록 이끌어주고 싶다면 초보 운전자로 운전이 서툴고 실수를 반복하더라도, 차가 마음대로 움직여지지 않아 짜증 내거나 불안해하더라도, 옆자리에 앉은 부모가 든든한 동승자가 돼줘야 한다. 부모는 아이와 함께 불편을 겪으면서도 지적이나 불평 없이 지켜봐줘야 하며 아이가 필요하면 언제든 도움을 청할 수 있는 지지자가 돼야 한다.

어려움에 처했을 때 누군가에게 위로를 받고 도움을 요청하거나 아이 스스로 문제를 해결하는 성공 경험이 반복되고 내재화되면 그 축적된 기억에서 희망과 믿음, 자신감이 생긴다. 이것이 아이가 진정한 감정소화력을 키울 수 있는 원천이다.

인지 기둥: 도전과 실패에서 찾는 아이의 자존감

아이가 안정애착을 갖췄다면 정서가 안정돼 좌절이나 실망을 잘 회복하고 정신적으로 건강한 삶을 살 것이다. 하지만 부모는 아이가 단지 현재 상태에 안주하고 자족하는, 포부가 없는 사람이 되길 원하진 않는다.

시험에서 95점을 맞았는데도 100점을 못 받았다고 괴로워하는 아이는 우울과 불안 때문에 힘들겠지만, 반대로 30점을 맞고도 만족하며 아무런 불편함이 없어 목표나 노력의 필요성을 느끼지 않는 아이 역시 동기부여가 어렵고 잠재력을 충분히 발휘하지 못할 수 있다. 다시 말해 회복탄력성을 길러주려면 아이가 좌절했을 때 다시 일어서게 하는 정서 기둥도 중요하지만, 힘들더라도 다시 도전하고 끈기 있게 노력해 목적을 성취하게 하는 인지 기둥까지 고려해야 한다는 것이다.

도식: 나와 세계를 인지하는 틀

아이는 부모와 관계를 맺으면서 자기 자신과 세상에 관한 개념이 없어 흰 도화지 같았던 마음에 점차 자기상(self image)과 세계관(worldview)을 형성해 나간다. '나'와 '세상'에 대한 주된 신념인 자기상과 세계관을 도식(schema) 혹은 기본 가정(basic

자기상 \ 세계관	긍정	부정
긍정	세상은 살 만한 곳이고 나도 꽤 괜찮은 사람이다.	나는 꽤 괜찮은 사람이지만 세상은 별로인 곳이다.
부정	세상은 살 만한 곳이지만 나는 정말 별로인 사람이다.	세상도 별로고 나도 별로인 사람이다.

[표 1] 자기상과 세계관의 관계

assumption)이라고 한다. 자기상과 세계관은 서로 관계를 맺으며 우리 사고는 이 도식이라는 대전제에서 가지를 치고 뻗어나간다.

도식은 컴퓨터에 비유하면 기본 운영체제(OS, Operating System)라 할 수 있다. 도식이 중요한 이유는 대전제가 틀리면 그 뒤에 어떤 명제가 오더라도 거짓이 되기 때문이다. 운영체제에 문제가 있으면 정상적인 프로그램이나 앱을 깔아도 제대로 작동하지 않고 충돌을 일으키는 것과 비슷하다. 어린 시절 어떤 도식으로 마음의 틀이 잡히느냐에 따라 미래 사고방식, 성격, 타인을 대하는 태도 대부분이 결정된다. 물론 운영체제가 업데이트되면 버그와 오류가 잡히는 것처럼 우리의 고정관념도 좋은 경험과 만남을 통해 개선되고 수정될 수 있다.

예를 들어 부모에게서 인종·남녀 차별, 지역감정 같은 고정관념이나 나쁜 습관을 배웠다 해도 학교에서 좋은 담임 선생님과 친구를 만나 가정 바깥의 세상을 직접 경험하다 보면 가정에서 익힌 편견과 나쁜 습관을 고칠 수도 있다(물론 그 반대 경우도 있다). 이 과정을 사회과학에서는 각각 1차적 사회화, 2차적 사회화라고 표현한다.

아이의 초기 자기상과 세계관은 대부분 부모와의 상호작용에서 형성된다. 특히 초기 자기상은 자신을 바라보는 부모의 표정과 반응이 결정한다.

예를 들어 아이는 자신의 행동이 귀여워죽겠다는 표정을 짓는 부모의 얼굴이나 삐죽빼죽 선도 못 맞춰 접은 종이비행기를 진심으로 잘 접었다고 칭찬하는 부모의 말과 태도를 보고 자신이 사랑스럽고 유능한 사람이라고 느낀다. 자기 스스로를 볼 수 없기 때문에 부모 눈에 비친 모습을 보고 자기상을 형성하는 것이다. 동시에 이렇게 경험한 부모의 반응이 곧 아이의 세계관이 되므로 아이는 세상(혹은 타인)이 따뜻하고 대체적으로 내게 호의적인 곳이라고 정의할 것이다.

반대로 아이가 엄마를 여러 차례 불렀는데 엄마가 귀찮은 듯 찡그린 표정을 짓거나 바빠서 대답이 없다면 아이는 나는 쓸모없고 사랑받을 자격이 없는 사람이라고 생각하거나(자기상) 세상은 내게 무관심하고 냉정한 곳이라고 생각할 수 있다(세계관).

이처럼 생애 초기 환경, 부모와의 정서적 상호작용은 아이에게 인지 체계의 토대이자 기초공사라 할 수 있으며 생애 전반에 걸

자기상	세계관
나는 호감이 가는 사람이다.	사람들은 나를 좋아할 것이다.
나는 꽤 유능하다.	
나는 강한 사람이다.	
나는 나쁘다/무책임하다.	사람들을 믿을 수 없다.
나는 취약/무력하다.	세상은 위험한 곳이다.
나는 사랑스럽지 못하다.	아무도 나를 사랑할 수 없다.
나는 무능하다/실패자다/열등하다.	사람들은 나를 거부할 것이다.

[표 2] 흔한 자기상과 세계관의 예

쳐 지속적으로 강력한 영향을 미친다. 다행히도 사회의 교육체계
는 부모의 영향을 상쇄하거나 보완할 기회를 준다. 우리는 빠르면
2~3세, 늦어도 6~7세부터 20대 초·중반까지 약 20년에 가까운 긴
기간 동안 교육기관을 비롯해 더 큰 세계의 영향 아래 놓인다.

이 시기에는 인지 능력이 급격히 발달해 인지적 도식도 사회
안에서 빠르게 성장한다. 다시 말해 인지적 도식 형성은 뇌 발달
과 맥을 같이한다. 우리가 집중적으로 중요한 학습을 하는 기간이
5~18세인 것도 뇌의 구조적·기능적 변화가 이 시기에 가장 활발하
기 때문이다. 우리 마음의 기본 틀이 되는 지식, 논리, 판단 기준은
대부분 성장기에 만들어지며 성인이 된 뒤에는 그 기반을 뒤흔들
엄청난 일이 일어나지 않는 한 이때 형성된 도식을 부분적으로 수

정·보완하며 살아간다. 아이가 비교적 새로운 환경에 적응을 잘하는 반면, 어른은 그렇지 못하고 나이가 들수록 변화에 적응하기가 어렵게 느껴지거나 생각이 잘 바뀌지 않는 것도 뇌 발달이 20세 전에 집중되기 때문이다.

[그림 6]을 보면 새로운 신경연결망(연회색) 형성은 태아 때 시작해 2세에 정점에 이르고 10대 중반까지 지속된다. 2세부터 20세까지는 불필요한 신경망을 가지치기해 정리하고 신경계의 효율성을 높인다(검정). 신경연결망 형성이 씨를 뿌리고 나무를 심는 것이라면 신경망 가지치기는 무성하게 자란 나무와 꽃을 정리하고 잡초를 뽑아내 정원을 꾸미는 것이다. 수초화(myelination, 흰색)는 10대부터 20대까지 지속되며 신경전도 속도를 높여 효율성을 높인다. 이처럼 뇌 발달이 거의 20세 이전에 일어나므로 우리 마음

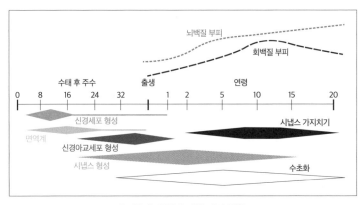

[그림 6] 연령에 따른 뇌의 변화

의 큰 틀도 이 시기에 잘 잡아줘야 한다. 물론 이후에도 변화는 가능하겠지만 생물학적 제한으로 인해 한계가 있을 수 있다.

따라서 인지 기둥에서 가장 중요한 부분은 부모가 20세 이전 아이에게 자기와 세상, 2가지 모두에 대해 좋은 도식을 만들어주는 것이다. 아이 마음의 중심에 "세상은 '대체적으로' 살 만한 곳이고 너는 '충분히' 좋은 사람이야"라는 강력한 신념을 심어줘야 아이가 성인이 돼 세상(타인)에 실재하는 나쁘고 못난 면이나 자기 자신의 부정적인 부분을 맞닥뜨렸을 때 그것도 더 큰 진실/선함/좋음/아름다움의 일부분이리라는 믿음을 갖고 위기와 역경에도 다시 일어설 수 있는 힘이 생긴다.

이를 위해 부모는 '대체적으로' 아이를 사랑하고 존중하며 부모 자신이 아이의 '충분히' 좋은 환경이 돼 아이가 타인과 세상에 좋은 인상을 갖도록 일관된 모습을 보여줘야 한다. 바로 이 부분이 정서 기둥과 인지 기둥이 만나는 지점이다.

실재하는 현실 세상은 머릿속 도식 세상(세계관, 부모 아래서 알고 경험한 세상)과 간극이 있어 꽤 나쁘기도, 불합리하기도, 이해하기 어렵기도 하다. 문제는 그 간극이 너무 클 때 드러난다. 사람들은 현실이 머릿속 세상과 달리 내가 기대한 대로 혹은 바란 대로 돌아가지 않으면 좌절하고 실망하며 분노하기도 한다.

그러므로 생애 초기 아이에게 세상에 대해 좋은 틀을 만들어주는 만큼이나 중요한 부분이 자기가 가진 틀이 현실과 맞지 않을 때 이를 적절히 수정하면서 변화하고 적응해나갈 수 있는 능력을 길러주는 것이다. 애초에 부모가 아무리 정확하고 좋은 틀을 물려줬다 하더라도 세상이 계속 변하기 때문에 부모에게서 보고 배운 도식을 깨고 아이 스스로 새로운 도식을 만들 수 있는 능력을 갖춰야만 한다. 이는 운영체제가 스스로 버그를 고치고 새로운 프로그램을 받아들이며 환경에 맞게 업데이트를 하는 것과 같다. 이렇게 생각의 틀을 깨고 적응하며 성장하는 능력, 한계를 인지하지만 이를 뛰어넘기 위해 다시 도전하는 힘이 바로 인지적 유연성이다.

인지적 유연성 기르기
동화와 조절 사이에서 균형 찾기

일반적으로 적응이라 하면 개체가 환경에 맞춰 변하는 것을 떠올리지만 사실 적응은 환경과 개체 사이에 일어나는 양방향 상호작용에 가깝다. 이 말은 개체가 환경에 맞춰 변화하기도 하지만 개체에 의해 환경이 변화하기도 한다는 뜻이다. 예를 들어 부모는 자신이 아기를 키워 외부세계에 적응하게 한다고 생각하지만, 사실 부모도 '아기가 있는 삶'에 적응해 식단이나 옷차림, 방의 가구 배치까지 거의 모든 삶의 방식을 바꾼다.

우리 머릿속 인지적 도식도 변화에 양방향으로 적응하는데 이런 개념을 구체적으로 정립한 사람이 스위스 심리학자 장 피아제 (Jean Piaget)다. 피아제는 어린이의 인지 발달을 관찰하면서 동화와 조절 그리고 이 둘의 균형이라는 개념으로 적응을 설명했다.

아이는 새로운 경험을 하게 됐을 때 이를 어떻게 해석할까 고민한다. 그리고 먼저 이미 자기가 아는 경험에 비춰 이해해 보려고 노력한다.

예를 들어 집에서 키우는 강아지를 보고 털이 있고 발이 4개인 동물은 '개'라는 도식을 형성한 아기가 있다고 하자. 그러면 엄마와 외출해 길에서 산책하는 강아지를 봤을 때 아기는 그 강아지가 처음 보는 개라 할지라도 머릿속 도식에 따라 이 개체를 개라고 인식할 수 있다. 이것이 동화, 즉 경험을 통해 이미 알고 있는 개념에 상황이나 사물을 끼워 맞춰 분류하는 일종의 추상화 과정이다.

다음 날 산책 중 처음으로 '고양이'를 보게 된 아기는 '털이 있고 발이 4개인 동물은 개'라는 도식에 따라 고양이를 가리키며 "개"라고 말한다. 그러면 엄마는 아기에게 "그건 개가 아니라 고양이야"라고 알려준다. 아기는 머릿속 도식을 바꿔 '털과 발 4개가 있지만 꼬리가 길고 눈과 귀가 뾰족하고 야옹 하고 우는 동물'은 '고양이'라는 새로운 도식을 만든다. 이렇게 환경에 따라 도식을 변형해 사물이나 상황을 이해하는 과정을 조절이라고 한다.

이처럼 인지 발달 면에서 적응은 내가 이미 아는 지식과 믿음에 세상을 맞춰나가는 힘(동화)과 그것이 성립되기 어려운 상황을 맞닥뜨렸을 때 내 믿음과 생각을 바꿔 세상을 새롭게 이해하는 힘(조절), 이 두 힘의 균형을 맞춰나가는 과정이다.

동화와 조절의 적절한 균형, 즉 환경에 나를 맞추거나 환경을 내게 맞춰나가는 상호작용 방식은 태아 때 시작돼 어린 시절 내내 점차 익혀나가며 성인이 되면 어느 정도 고정된다. 이렇게 고정된 상호작용 방식을 우리는 개인의 '성격'이라고 부른다.

예를 들어 환경을 바꾸려는 성향의 사람을 적극적인 성격이라 하고, 자신을 환경에 맞추려고 하는 성향의 사람을 소극적인 성격이라고 칭한다. 아이를 둘러싼 환경 중 성격에 가장 큰 영향을 미치는 것은 부모와 가족이며 부모의 양육은 아이의 적응 방식, 즉 성격 형성의 가장 큰 부분을 결정한다. 회복탄력성도 일종의 상호작용 방식으로 아이가 성장하는 동안 부모, 넓게는 사회와의 상호작용을 통해 길러질 수 있는 능력이다.

우리의 인지 체계는 효율성을 위해 어느 정도 고정관념과 선입견에 의존할 수밖에 없다. 만약 새로운 사물이나 환경을 마주할 때마다 앞에서 본 개와 고양이 예처럼 대상을 관찰·탐색하고 원래 개념과 비교하며 특정한 새로운 개념을 형성하는 과정을 거쳐야 한다면 비록 정확도는 높아지겠지만 그 과정이 지나치게 느리고 소모적일 것이다. 그래서 우리는 지난번에 본 고양이와 비슷하게 생긴 동물이라면 당연히 고양이겠거니 생각한다. 자동화가 훨씬 빠르고 효율적이기 때문이다.

특히 자주 쓰는 개념과 도식을 미리 만들어놓고 기정사실화하면 효율성이 높다. 반복적으로 사실임이 검증된 고정관념을 지식과 상식이라고 하는데 이는 새로운 사실이 밝혀지거나 사회와 시대가 변화하면 잘못된 개념이 되기도 하고 새로운 개념으로 대체되기도 한다.

예를 들어 '태양이 지구를 돈다'는 천동설은 지구가 태양을 돈다는 과학적 사실이 밝혀지면서 지동설로 대체됐다. 귀족과 노예 같은 신분 차별도 사회와 시대가 바뀌면서 사라졌다.

이 같은 범주화와 추상화는 효율적이고 강력한 도구지만 개별 사안을 지나치게 일반화해버려 진실에서 멀어진, 왜곡된 선입견을 만들 수 있다는 단점이 있다. 따라서 우리가 인지구조 안에서 어떻게 스스로 오류를 알아채고 바꿀 수 있느냐가 인지적 유연성의 핵심이다.

예를 들어 어느 날 동네에 표범이 나타났는데 처음 봤지만 고양이와 비슷하게 생긴 동물이라 큰 고양이겠거니 생각했다고 하자. 이 동물이 일회성으로 나타나거나 마을에 무해하다면 표범을 고양이라 간주해도 별문제 없을 수 있다.

하지만 표범이 반복적으로 나타난다든지 가축을 물어가는 일이 생기면 '큰 고양이'라는 정의를 빨리 '표범'이라는 새로운 개념으로 바꿔야 마을 사람의 생존과 적응에 훨씬 유리할 것이다. 사실 '얼룩 덜룩한 무늬가 있는 큰 고양이같이 생긴 동물'을 표범으로 재정의 하는 것은 그리 어려운 일이 아니지만 자기상과 세계관처럼 광범 위하고 기초적이며 핵심적인 도식은 쉽게 바뀌지 않으며 잘못 정 의됐을 경우 지속적으로 문제를 일으킨다.

도식	파생 사고·행동
여름은 덥다.	옷을 시원하게 입자. (파생 행동)
나는 좋은 사람이다.	사람들은 나를 반길 것이다. (파생 사고)
여자는 복잡하고 남자는 단순하다.	여자를 대하기는 어렵다. (파생 사고) 남자가 어울리기 편하다. (파생 행동)
영어는 어렵다.	A. 영어는 포기하고 수학으로 승부를 보자. (파생 사고) → 수학을 열심히 한다. (파생 행동: 회피) B. 변별력이 영어에 있으니 영어를 열 심히 해 성적을 올리자. (파생 사고· 행동: 직면과 도전)
나는 되는 일이 없다/해봤자 소용없 다/어차피 안 된다.	무기력해지고 아무것에도 도전하지 않는다. (파생 행동)
사람들은/친구들은/윗사람들은 나를 싫어한다.	주말에는 누구도 만나지 말고 집에만 있자. (파생 행동)

[표 3] (진실/거짓 여부와 상관없이) 흔한 도식과 파생 사고·행동

도식과 현실이 일치하지 않을 때

인지적 유연성이 떨어지는 아이는 자신이 만든 개념에 갇혀 변화에 적응하기 어려워할 수 있다. 실제로 초등학교부터 중학교까지 늘 성적이 뛰어났던 친구가 이름난 특목고에 진학한 뒤 첫 시험을 치자마자 무너지는 경우가 있다. 회복탄력성이 부족해 '특목고'라는 새로운 환경에 적응하지 못한 탓이다.

초등학교와 중학교를 거치는 동안 아이 마음에는 '나는 매우 뛰어난 사람'이라는 자기상이 만들어졌다. 그 당시에는 실제로 현실과 도식이 일치했기 때문에 별문제가 없었다. 하지만 외적 현실이 특목고라는 환경으로 변화하면서 아이의 도식은 이제 적절히 작용하지 못한다. 특목고에서 훅 떨어진 석차가 기존 자기상과 배치되기 때문이다. 이를 '인지부조화'라고 한다. 믿는 것과 실제로 보는 것에 차이가 있으면 불편함이 느껴지고 우리는 그 불일치를 없애고 싶어 한다.

이렇게 고등학교 진학 후 첫 시험 석차가 아이의 자기상을 뒤흔들면서 아이는 위기를 맞는다. 아이가 새로운 환경에 적응하려면 석차를 더 올려서 '나는 매우 뛰어난 사람'이라는 기존 도식을 현실화하거나 자기 평가를 다시 해 자기상을 수정해야 한다. 몇 번의 시험에서 최선을 다했는데도 중학교 때만큼 석차를 올리기가 어려워 현실을 기존 도식에 맞게 바꿀 수 없는 경우 '난 우리 학교에서 성적이 가장 뛰어난 사람은 아니지만 이 정도면 충분히 잘하는 거야' 하고 유연하게 생각을 바꿔 적용할 수 있는 능력이 바로 '인지적 유연성'이다.

이런 인지적 유연성이 부족한 아이는 기존 도식에 맞게 현실을 바꾸지 못할 경우 이를 고착된 도식에 억지로 끼워 맞추려 할 수도 있다. 이것이 '인지적 융합'이다.

예를 들어 '나는 매우 뛰어난 사람'이라는 신념을 지키기 위해 학교를 자퇴함으로써 동급생과의 비교 자체를 거부해버릴 수 있다. 또 몸이 아프다는 식의 핑계를 대면서 공부를 할 수 없거나 시험을 볼 수 없는 상황을 만들어 성적과 직면하길 피해버리거나 공부를 일부러 하지 않고 '내가 공부를 안 해서 그렇지 하면 잘할 거야' 하며 합리화를 하기도 한다. 인지적 융합에서 비롯된 이런 회피 행동은 일시적으로 마음을 편하게 할 순 있겠지만 현실을 개선하는 데는 전혀 도움이 되지 않는다.

물론 수년간 자기가 있는 곳에서 항상 최상위권이던 아이가 몇 달 만에 '내가 그 정도로 뛰어나지 않을 수도 있지. 그럼 뭐 어때?' 하고 생각을 바꾸기란 말처럼 쉽지 않다. 이는 아이가 얼마나 똑똑한지, 얼마나 의지가 강한지와 상관없이 어려운 일이다. 아이는 당연히 자기가 속한 세계에서 계속 우수하고 돋보이는 사람이고 싶은 마음이 굴뚝같을 테고 현실이 그렇지 않음을 인정하기 싫을 것이며 만약 그런 현실을 머리로는 인정한다 하더라도 속상하고 화나고 부끄럽고 자존심이 상해 마음이 복잡할 것이다.

생각을 유연하게 바꿀 수 있는 아이는 이런 부정적 감정을 잘 소화해낼 수 있는 아이다. 인지적 유연성은 감정소화력과 고리처럼 연결돼 있기 때문이다.

아이가 자신이 새로운 환경에서는 가장 뛰어난 사람이 아니라 해도 '나는 나름 괜찮은 사람'이라는 결론에 도달하려면 다친 마음을 끌어안고 상처가 아물어가는 시간을 버티며, 주변에 위로와 지지를 구하고 변화를 수용하는 과정을 거쳐야만 한다. 이렇게 부정적 감정을 다 소화한 후에야 자신이 너무 극단적으로 생각하거나 성급하게 결론 내린 것은 아닌지 찬찬히 마음을 들여다보고 생각을 점검해 수정할 수 있는 것이다.

시야를 확장해 맥락에서 생각하기

사고가 경직돼 바뀌지 않는 이유 중 하나는 좁은 시야다. 어떤 대상이나 상황을 정의하고 판단할 때 시야가 좁으면 섣불리 판단해 그릇된 결론을 내리고 다르게 생각할 수 있는 가능성의 싹을 잘라버릴 수도 있다. 이를 '성급한 일반화의 오류'라고 부르기도 한다. 아이에게서는 다음과 같은 예를 자주 볼 수 있다.

- '오늘' 수학 숙제를 잘 이해하지 못했을 뿐인데 → 나는 수학을 못해. 수학이 가장 싫어.
- 반 친구 민수가 '오늘' 놀렸을 뿐인데 → 민수는 나를 싫어해. 민수는 못된 아이야.
- '민수와 철수'가 나를 놀렸을 뿐인데 → 남자아이들은 다 못됐어. 나를 괴롭혀. / 우리 반 아이들은 다 나를 싫어해.
- '이번' 시험에서 성적이 떨어졌을 뿐인데 → 나는 이제 공부는 포기해야겠어. 가망이 없어.
- '중간고사' 준비를 열심히 했는데 결과가 좋지 않으면 → 어차피 노력해도 소용없는 것 같아. 시험은 운이야.
- 수영을 '1~2달' 다니고 → 나는 수영에 소질이 없나 봐. 그만 배울래요.

시야를 확장한다는 것은 참조 체계를 충분히 넓게 확보하는 일이며 세상과 대상, 나 자신을 맥락과 함께 고려해 이해하고 전체와 상황 안에서 충분한 시간을 두고 판단한다는 뜻이다. 마치 카메라로 줌인(zoom in)과 줌아웃(zoom out)을 유연하게 조절해 바라보는 것과 같다. 특정 상황을 줌인해 좌절과 고통, 흥분과 즐거움을 느끼더라도 그 강렬한 생각과 느낌에 매몰되지 않고 줌아웃해 전체에서 조망한 후 상황을 해석하는 것이다. 시야가 넓으면 여러 인지 오류를 줄일 수 있고 나와 타인을 수용하는 일도 비교적 쉬워진다.

다음 문제들을 아이의 입장에서 생각해보자. 예를 들어 '오늘' '분수'에 관한 수학 문제를 풀었는데 잘 안 풀리고 많이 틀렸다고 해보자. 이때 '나는 수학을 못해. 수학이 가장 싫어' 하는 생각과 함께 좌절이 느껴진다면 내가 '어제', '그제'도 수학을 못했는지, 분수 '외'에 다른 수학 단원을 쉽게 이해한 적은 없는지, 혼자 문제를 풀 때가 아닌 선생님과 함께하는 '수업'에서도 이해를 잘 못했는지, 단순히 처음 새로운 단원을 혼자 공부했기 때문에 어려웠던 건 아닌지 다각도로 생각해볼 수 있다. 시야를 다른 시간, 다른 상황에까지 확장하는 것이다.

수학 공부가 마음처럼 잘되지 않으면 속상하겠지만 전체 맥락에서 상황을 보면 유난히 '오늘' 푼 '분수' 문제가 잘 안 풀렸을 수 있다. 내가 수학적 능력이나 소질이 없는 것이 아니라 단순히 오늘 평소보다 피곤하거나 집중을 못했을 수도 있고, 분수라는 새로운 개념이 충분히 숙지되지 않았을 수도 있다. 그러니 성급히 '나는 수학을 못하는 사람이야' 하고 단정해 버리기는 이르다. 조금 쉬었다가 다시 그 문제를 풀어보거나 선생님께 물어 도움을 받으면 의외로 쉽게 풀릴 수도 있다.

마찬가지로 '민수와 철수'가 나를 놀렸는데 '남자아이들은 다 못됐어. 나를 괴롭혀' 혹은 '우리 반 아이들은 다 나를 싫어해' 하는 생각과 함께 속상한 마음이 들고 학교에 가고 싶지 않을 수 있다. 이럴 때도 한 걸음 물러서 시야를 확장해보자. 민수와 철수 말고 다른 남자아이들도 다 못됐는지, 우리 반 아이들 중 내게 호의적인 아이는 정말 1명도 없는지, 민수와 철수가 나를 놀린 것이 나를 싫어하기 때문인지, 혹시 관심을 잘못된 방식으로 표현한 건 아닌지, 작년에 같은 반이었던 남자아이들도 못됐었는지 생각해볼 수 있다.

비록 화가 나긴 하지만 민수와 철수가 오늘 나를 놀린 게 괴롭힘까지는 아니라고 생각된다면 앞으로 이들의 행동을 두고 보기로 하고, 학교에서도 위축되지 않은 채 친구 관계를 원만히 이어나갈 수 있다. 성급히 결론 내리지 않고 다양한 맥락에서 대상이나 상황을 바라보면 회피나 단절로 종결되는 상황을 피할 수 있는 것이다.

그럼 우리 시야가 좁아지는 이유는 뭘까? 크게 2가지로 나눌 수 있다. 하나는 감정이 너무 강렬한 나머지 주변을 살필 여유가 없어 성급하게 결론지어 버리는 것이다. 예를 들어 생존 모드일 때는 빨리 판단하고 행동하는 것이 당연하다. 호랑이가 쫓아오는 것 같으면 무조건 뛰어야 한다는 생각만 들뿐 호랑이가 무슨 색인지, 주변에 무슨 나무가 있는지 살펴볼 여유가 없다. 다른 하나는 경험이 적은 경우로 참조 체계가 한정적이기 때문에 사고가 편협해진다.

먼저 기질적인 이유로 강렬한 감정을 느끼는 아이가 있다. 이런 아이를 민감한 아이(hypersensitive child)라고 한다. 민감한 아이들은 아기일 때 다른 아기보다 예민해서 잘 울고 잘 깨며 잘 먹지 않을 가능성이 크기 때문에 까다롭게 느껴진다.

민감한 아이는 아동기에 종종 이기적이고 동생이나 친구에 대한 이해심이나 배려심이 없다고 오해받기도 한다. 하지만 많은 경우 이는 이기적이기보다 자기감정이 주체할 수 없을 만큼 커서 그 감정을 처리하느라 주변으로 시야를 확장할 심적 여유가 없는 탓이다. 어떤 상황에서 자신의 공포, 분노, 불안이 너무 크게 느껴지면 주변 사람의 감정이나 상황이 눈에 들어오지 않고 자연히 타인에게 공감하거나 타인을 배려하기가 어려워진다. 게다가 20세까지는 뇌가 아직 발달 중인 미성숙한 상태라 일반적인 아이도 어른보다 감정조절을 힘들어하므로 민감한 아이는 특히 감정적으로 더 큰 부하가 걸릴 수 있다.

기질적으로 민감하고 강렬한 감정을 갖고 태어난 아이는 일상생활에서도 자기감정에 사로잡힐 때가 종종 있다. 그래서 사소한 걱정이나 속상함에도 공포나 사랑에 빠진 사람처럼 시야가 좁아지고 극단적으로 생각하는 경향을 보인다. 민감하지 않은 사람도 사랑에 빠지거나 공포에 질렸을 때처럼 강렬한 감정을 느꼈을 때 내가 어떤 상태였는지 떠올려보면 기질적으로 민감한 아이의 이런 행동을 이해할 수 있을 것이다.

예를 들어 이성과 막 사랑에 빠져 만난 지 얼마 안 된 사람은 상대 행동은 뭐든 다 좋아 보이고 세상이 아름다워 보이는 심리적 왜곡이 일어나며, 시야가 좁아져 상대방만 보이고 일이나 주변 사람에게 소홀해진다. 공포에 질린 사람도 시야가 좁아져 다른 생각은 모두 사라지고 도망칠 생각에만 집중하게 되며 내 행동이 미칠 여파, 주변 사람의 상황이나 안위에는 관심을 기울이기 어려워진다.

기질적으로 민감한 아이는 키우는 데 부모의 노력이 몇 배 더 필요하긴 하지만 수오미 박사의 연구에서처럼 안정된 양육이 뒷받침되면 섬세하고 유능한 어른이 될 가능성이 높다. 다만 부모가 아이만큼 민감하지 않으면 아이의 감정을 이해하기 힘들고 키우기 까다롭다는 생각에 아이의 잠재력을 평가 절하할 가능성이 있다.

기질적으로 민감하지 않더라도 성장기에 감정소화법을 잘 배우지 못해 감정을 꾹꾹 참거나 적절히 해소하지 못하고 자라면 감정을 강렬히 느끼는 경우가 있다. 이때는 아이 기질보다는 성장과정에서 정서 발달과 촉진이 다른 영역에 비해 빈약해 아이가 감정 다루는 기술을 숙련하지 못한 채 성인이 되는 것이다.

앞서 말했듯 감정소화법도 언어 발달이나 대근육, 소근육 발달처럼 연령에 맞는 발달 정도를 수시로 모니터링하면서 미숙한 부분이 있으면 연습시키고 촉진해야 능숙해진다. 다만 감정은 언어나 운동처럼 눈에 선명하게 보이지 않고 표정이나 행동으로 유추해야 하기 때문에 아이 감정을 쉽게 알아채거나 이해하기 어렵고 부모가 더욱 민감하고 세심하게 관심을 기울여야 놓치지 않는다.

아이의 정서 발달을 촉진하기 위해서는 '아이와 부모가 다른 방해 요인 없이 집중해서 함께 노는 시간'과 '감정대화'가 필수다. 그런데 이는 삶에서 중요한 다른 의무에 밀려 후순위가 되기 쉽다.

예를 들어 일반적인 맞벌이 가정이라면 상황이 좋아 저녁 5~6시에 아이를 하원시킨다 할지라도 집에 와 저녁을 먹이고 숙제를 하게 하고 준비물을 챙겨주고 씻기고 재우기만 해도 저녁 시간이 빠듯하게 지나간다. 부모가 아이와 나누는 대화도 해야 할 일과 하지 말아야 했던 일처럼 의무적인 행위의 점검이나 일과 보고가 먼저가 된다. 아무리 좋은 소양을 갖춘 부모라도 저녁 시간에 식사, 숙제, 집안 정리, 밀린 일에 치이면 아이와 함께 소소한 수다를 떨며 단 30분이라도 온전히 레고나 보드게임을 즐기기가 쉽지 않다.

만약 부모가 시간과 마음의 여유가 있거나 아이 감정에 특별히 관심을 기울인다면 아이가 쉬는 시간에는 뭘 하고 놀았는지, 오늘 속상했던 일은 뭔지, 고민과 걱정은 무엇이고 기분은 어떤지, 언제

가장 즐겁고 행복했는지 얘기를 나눠볼 수 있을 것이다.

물론 평소에 전혀 이런 대화가 없다가 어느 날 갑자기 질문을 던지면 아이는 "몰라", "좋았어", "없어"라고 대답할 확률이 높고 부모는 역시 책에 쓰여 있는 대로 되진 않는다고 생각할 수도 있다. 하지만 매일 하는 숙제처럼 감정대화도 일상에 스며들면 아이가 점차 자기감정에 관심을 기울이고 이를 충분히 느끼고 기억하며 적절한 때 능숙하게 표현할 수 있게 된다.

이렇게 정서적으로 성숙한 아이는 큰 위기나 어려움에 처하더라도 감정에 압도되지 않고 잘 처리하며 소통할 수 있는 능력이 쌓인다. 게다가 이렇게 자기감정 인식과 처리에 능숙한 사람은 보통 타인의 감정에도 민감하다. 따라서 감정적으로 성숙한 아이는 자신의 위기를 잘 극복할 뿐 아니라 어려운 처지에 있는 타인까지도 배려하는 여유가 있는 사람으로 자랄 수 있다.

시야가 좁아지는 두 번째 이유는 한정된 경험이다. 우리 인지구조는 과거 경험과 지식으로 구축해놓은 세계관 혹은 참조 체계 안에서 현재 상황이나 대상을 해석하고 판단할 수밖에 없다는 한계가 있다. 세상을 내가 태어나고 자란 동네, 가깝고 자주 만나는 세계, 근처 공간과 사람으로 인식하는 것이다. '우물 안 개구리'나 '골목대장' 같은 표현을 떠올리면 된다.

예를 들어 열대지역에서 나고 자란 사람은 날씨를 늘 따뜻하게

나 더운 것으로 인식하고, 계절을 기온보다는 강우량이 많은지 적은지 여부로 구분해 생각할 수 있다. 반면 온대지역 사람은 삶을 봄, 여름, 가을, 겨울 4계절에 맞춰 바라보며 겨울이 올 것을 염두에 두고 추위에 대비하는 자세로 살아갈 수 있다.

이런 맥락에서 어떤 사람은 자기가 사는 마을이 자기 세상의 전부일 수 있고 어떤 사람은 한 지역, 한 국가, 전 세계, 전 우주가 자기가 의식하고 잠재적으로 영향을 주고받는 세상의 범위일 수도 있다.

아동·청소년의 경우 주로 가정과 친한 친구 무리, 학급(학과), 학교와 학원 정도가 자기 세상의 범위다. 1세까지 아이의 세계는 보통 부모와 집안이 전부지만 2~3세가 되면 엄마, 아빠, 친척, 어린이집 선생님과 친구로 확장된다. 대체로 아이가 성장할수록 아이의 공간도 확장되며 중요한 인물과 경험하는 대상이 늘어나고 상호작용도 복잡해진다.

아이는 사회를 폭넓게 경험하기 전까지 가정에서의 경험을 참조 체계로 쓰기 때문에 세상이 가정과 비슷하리라고 예측하며 행동한다. 엄한 부모 아래서 자란 아이는 직장 상사나 선생님이 엄할 것이라 생각할 가능성이 높고, 가족관계에서 첫째인지 막내인지에 따라 학교나 조직에서도 첫째나 막내처럼 행동할 확률이 높다.

자기상과 세계관은 개인의 욕망과 욕구, 태도, 신념, 행동반경,

생활 지역에 영향을 준다. 형편이 가난한 아이는 돈을 많이 버는 것이 꿈일 수 있고 집안이 넉넉한 아이는 자기가 원하는 대로 사는 것이 꿈일 수 있다. 또 같은 서울 하늘 아래 살더라도 자신을 강남 사람 혹은 서울 사람이라고 여길 수도 아니면 한국 사람이나 아시아 사람이라고 인식할 수도 있다.

부산에서 태어나 서울에 있는 대학을 졸업하고 현재 용산구에 살고 있는 40대를 생각해보자. 이 사람은 '한국인'이고 '경상도 출신', '부산 사람'이며 '서울 시민'이자 '용산구 주민'이다. 그는 일본에 여행을 가면 자신을 한국인으로 정의하고 행동하지만 일상에서는 서울 시민으로, 구청장 투표를 할 때는 용산구 주민으로, 고등학교 동창을 만날 때는 부산 사람이라고 느낀다. 한 사람 안에도 여러 개의 자아상이 있고 표면에 드러나는 자기상은 상황에 따라 유동적으로 바뀔 수 있다.

이렇듯 우리는 모두 똑같은 세계(real world)에 살지만 우리가 살고 있다고 생각하는 세계, 즉 각자의 마음 안에 있는 내적 세계(inner world)는 사람마다 모두 다르며 고유하다. 내적 세계는 그 사람의 유년 시절과 가족, 듣고 보고 겪은 사건과 기억, 살면서 만난 사람과의 관계에 의해 결정된다. 내적 세계는 마치 1인칭 소설과 같다.

우리는 실재하는 우주 전체를 의식세계에 다 담을 수 없기 때문에 접근 가능하고 살아가는 데 중요하며 자주 일어날 법한 경험과 대상으로 세계관을 한정 지을 수밖에 없다. 내적 세계는 우리의 사고 폭과 행동 범위를 한정하며 자기상은 우리가 그 세계 안 어디에 소속감을 갖고 어떤 역할을 수행할지, 그 세계를 어떤 태도로 대하고 그 세계와 어떤 관계를 맺으며 살아갈지를 정의한다.

내적 세계의 대부분은 20대 이전에 형성되지만 30대 중반까지 원(原)가족 틀 밖에서 다양한 경험을 쌓으며 자기 세계가 확장되고 오류가 수정될 수 있으며 이후에도 열린 사고로 새로움을 두려워하지 않고 노력하면 지속적으로 변화 가능하다. 10대까지는 좋은 부모를 만나 안전한 환경에서 자람으로써 세상에 대한 기본적인 신뢰와 안정감을 가질 수 있도록 반듯한 토대를 만들어야 하지만 그 후에는 자신의 참조 체계를 적극적으로 넓혀나가는 것이 중요하다. 그래야 생각이 유연해지고 공감과 연대감을 느낄 수 있는 대상의 범위가 확장된다.

세계와 역할에 대한 직·간접 경험이 많아 참조 체계가 넓은 사람은 세상을 진실에 더 가깝게 바라보며 판단이 정확하고 회복탄력성도 높다. 다시 말해 생각이 유연하고 편견이 적어 다른 체계를 받아들이기도 쉽고 다른 사람과의 상호작용에 방해가 되는 선입견 같은 인지적 장애물도 적다. 반면 30대 중반까지 삶의 경험이 적어 사고가 닫혀 있는 사람은 편협하며 자신과 배경이 다른 사람에게 공감하기 어렵고 연대감을 잘 느끼지 못한다.

예를 들어 경상도 대구에서 태어나 대구를 떠나본 적 없이 호남 사람에 대한 부정적인 언급을 듣고 자란 아이는 호남 사람에게 막연한 불신이 있을 수 있다(반대 경우도 마찬가지다). 자기 지역에 사는 어른 대다수가 그렇게 얘기하는 것을 들어왔고 자신도 1~2명의 전라도 사람을 만나봤는데 어떤 면에서 '역시 그렇구나' 생각하게 되는 경험을 하면 배척하는 감정을 품게 된다. 다시 말해 지역감정이 생기는 것이다.

만약 이 아이가 광주로 대학을 가서 수십 명의 전라도 사람과 교류하고 생활한다면 경상도 사람만큼이나 다양한 전라도 사람이 있으며 광주 사람과 전남 사람이 다르고 전북 사람은 또 다른 성향임을 느낄 것이다. 그리고 대구와 마찬가지로 그곳에도 좋은 사람과 나쁜 사람이 섞여 있음을 인지할 것이다. 만약 이해가 더 깊어진다면 지역색이 역사·문화적 맥락에서 형성된 것임을 깨닫고 자신이 차이를 오해했음을 받아들이며 전라도 출신 친구들과도 잘 지내게 된다.

이 아이의 참조 체계는 대구에서 한정돼 시작됐지만 대구/광주 혹은 우리나라 사람으로 확장됐고 넓은 시야로 사람과 사건을 해석할 수 있는 능력을 갖게 됐다. 만약 이 아이가 과거 도식을 깨지 못했다면 학교 대부분을 차지하는 전라도 출신 학생을 배척하고 대구나 경상도에서 온 소수 학생과만 어울리려 했을 것이다. 그러면 대인 관계가 좁아지고 실질적인 사회적 지지 체계가 약해져 일상에 어려움이 닥쳤을 때 도움을 구하기도 어려워졌을 것이다.

이처럼 적은 경험과 편협한 시각은 사고를 경직시켜 인지적 유연성이 나빠지는 것은 물론이고, 현실적인 사회적 지지 체계도 협소하게 만들어 결과적으로 회복탄력성을 떨어뜨린다.

성급한 판단에서 자유로워지기

'마음챙김(mindfulness)'은 명상 관련 서적에서 많이 등장하는 낯선 단어지만 사실 심리학이나 뇌과학에서의 '메타인지(meta cognition)'와 비슷한 개념이다. 이는 명상이라고 했을 때 흔히 떠올리는 수행자처럼 속세를 훌쩍 떠나 고요히 수련하는 이미지보다는 세수하거나 일기쓰기처럼 일상의 부대낌 사이에 끼어 있는 습관에 가깝다. 우리가 매일 아침 거울을 보며 얼굴에 눈곱이 끼진 않았는지, 머리카락이 헝클어지진 않았는지 내 모습을 확인하고 몸가짐을 정돈하는 것처럼 마음챙김은 마음의 거울에 내 생각과 느낌을 가만히 비춰보고 흐트러진 마음을 가다듬는 작업이다.

마음챙김을 통해 관조와 성찰의 자세로 내 마음을 모니터링하는 장치를 만들면 머릿속에 자동적으로 떠오르는 생각이나 습관적, 반사적으로 하는 행동에서 비교적 자유로워질 수 있다. 참조 체계를 넓히고 맥락에서 보라는 조언이 '외부 세계'를 볼 때 부분이 아닌 전체를 볼 수 있도록 시야를 확장하라는 뜻이라면, 관조와 성찰의 자세는 '내면 세계'를 바라볼 수 있는 렌즈를 만들라는 뜻이다. 그리고 내 욕구, 충동, 감정, 사고, 판단, 결정, 행동 사이에 시공간적 틈을 만들어 마치 영상을 슬로모션으로 되돌려보는 것처럼 나를 관찰하는 것이다.

우리 인지구조는 어떤 판단을 내릴 때 인과관계뿐 아니라 연상 작용을 활용하기도 한다. 예를 들어 어린 시절 나를 괴롭힌 친구와 얼굴이 닮은 사람을 만나면 다른 이유 없이 연상 작용으로 인해 나도 모르게 그 사람에게 싫은 감정이 생겨 괜히 멀어질 수도 있다.

하지만 메타인지가 잘 발달한 사람은 단순히 느껴지는 대로, 생각나는 대로 성급하게 판단하지 않고 '아까 왜 얼굴만 1~2번 정도 본 잘 알지도 못하는 사람에게 안 좋은 감정을 느꼈을까?' 하고 자신의 생각과 느낌을 관찰한다. 그리고 자기 마음을 찬찬히 들여다본 결과 과거 기억과 연상 작용을 일으켜 비합리적인 감정을 엉뚱한 사람에게 투영하려 한 자신의 모습을 발견하는 것이다.

우리는 보통 강렬한 감정에 휩싸였을 때 섣불리 판단하기 쉽다. 즉, 인지적 유연성이 떨어진다. 강한 충동이나 절박한 마음, 공포와 두려움, 분노 같은 감정을 느끼면 충분한 생각을 거치지 않고 그 감정에 의해 판단하고 행동할 가능성이 높아진다.

이는 생존 모드와 관련이 있다. 강렬한 충동과 감정은 보통 생존 모드가 활성화된다는 신호다. 이 신호는 당장의 생존을 위해 빠르고 강력한 행동을 이끌어낸다는 이점이 있지만 그 행동이 반드시 최선의 결과를 보장하진 않는다. 사슴이나 토끼는 놀라면 무조건 뛰어 도망가고 보는데 조금만 이상한 소리가 나도 뛰어 도망가는 행동은 자연계에서는 생존 가능성을 높여주지만 동물원에서는 무의미하거나 오히려 에너지만 소모시킬 수도 있다.

우리가 생존 모드에서 하는 행동은 동물원에 사는 사슴이나 토끼의 행동과 비슷하다. 갑자기 나타난 차를 피할 때나 어두운 밤거리를 혼자 걸을 때는 생존 모드의 판단이 옳을지 모르지만 정글이 아닌 사회 안에서 대부분의 시간을 보내는 우리에게 생존 모드의 판단은 오류를 일으킬 수 있다. 그 결과 평소에는 합리적·이성적으로 생각을 잘하던 사람도 당황하거나 불안하거나 화가 날 때는 메타인지를 활성화하지 못하고 생존 모드에 끌려가 엉뚱한 판단과 행동을 하기도 한다.

메타인지 능력이 잘 발달한 사람은 실패나 위기 상황이 닥칠 때도 원시뇌가 명령하는 자동 반응 신호를 잠시 멈춰놓고 대뇌 전체를 사용해 생각을 넓고 유연하게 펼칠 수 있다. 침착하고 넓게 상황을 조망하고 다각도로 고심한 끝에 내린 판단은 현실을 더 있는 그대로 반영한 현명한 판단일 가능성이 높다. 앞서 말한 것처럼 회복탄력성을 키우는 데는 부정적 감정을 다독이고 소화해 이완 모드로 돌아갈 수 있는 정서적 능력도 중요하지만, 마음챙김을 통해 결론과 행동으로 성급히 직진하려는 생각—행동의 통로를 느슨하게 하고 시야를 넓혀 여러 가능성을 고려해 보도록 시간을 버는 인지적 능력도 큰 도움이 된다.

마음챙김으로 메타인지를 발달시켜 회복탄력성을 높이는 방법은 위기의 청소년을 면담할 때 자주 쓰인다. 청소년기에는 아직 뇌가 발달 중이라 미숙하며 감정과 충동, 에너지가 넘치기 때문에 강렬한 감정에 휩싸여 위험 행동을 하는 경향이 있다. 따라서 청소년기 아이는 메타인지를 강화해 행동하기 전 자기감정, 충동을 가만히 바라볼 수 있게만 해도 효과적으로 치료된다.

예를 들어 학업 스트레스나 친구 문제로 우울증을 앓는 청소년을 생각해보자. 어른이 보기에는 사소한 문제일지라도 아이에게는 아무리 노력하고 어떤 방법을 써도 문제가 해결되지 않을 것처럼 절망적으로 느껴지며 주변에 나를 이해해주고 도와줄 사람이 1명도 없어 고립된 듯한 기분이 든다. 그러다 생각이 극단으로 치달아 막다른 골목을 마주하면 아이는 '다 포기하고 싶다', '사라지고 싶다'는 생각까지 들 수도 있다. 비록 이때 아이가 느끼는 감정은 진정한 절망감이지만 이는 내적 현실일 뿐 실제 현실에서 아이의 문제는 도움을 청하고 조금만 기다리거나 노력하면 해결될 수 있는 경우가 더 많다.

이렇게 강렬한 감정 탓에 실제 현실과 내적 현실의 간극이 벌어질 때 마음챙김 능력이 탄탄하면 부정적인 생각이 들더라도 곧바로 판단하고 행동으로 옮기지 않고 자기 자신의 감정을 담담히 바라볼 수 있다. 설사 절망감으로 다 포기하고 싶고 그만두고 싶은 마음이 들지라도 '아, 나 지금 진짜 힘들구나. 정말 모든 걸 다 포기하고 싶은 마음이 드는구나' 하고 그 감정을 자기 눈으로 바라볼 수 있다면 회복으로 방향이 전환된 것이다. 자기감정에 매몰돼 바꿀 수 없는 과거, 암울한 현실, 나빠질 미래만 바라보면 아무것도 할 수 없지만, 우울에 빠져 있는 내 모습이 보이기 시작하면 그때부터는 나를 바꿀 수 있기 때문이다.

내재동기 강화하기

내재동기는 행복감을 느끼고 만족하는 데서 한 걸음 더 나아가 자신의 가치를 추구하고 노력해 목표를 성취할 수 있게 하는 내적 동력이다. 내재동기가 있으면 즐겁고 재밌는 일이 아니라도, 누가 시키지 않아도, 힘들고 피곤한 상황에서도 스스로 꾸준히 노력할 수 있다. 또 가치가 명료하면 판단과 결정에 혼란이 없으며 쉽게 포기하지 않고 목표를 향해 나아갈 수 있다. 이와 대조되는 외재동기는 칭찬이나 인정, 사탕이나 돈 같은 외부 보상에 의한 동기를

뜻한다. 이 경우 아이의 추구 행동은 보상이라는 목적을 위한 수단으로 이용된다.

예를 들어 상을 타거나 칭찬을 받기 위해 공부를 열심히 하는 행동은 공부가 다른 목적을 위해 수단으로 쓰인 것이다. 반면 뭔가를 증명하는 게 재밌어서, 새로운 것을 알고 싶어서 공부하는 행동은 내재동기에 의한 것으로 공부 자체가 목적이 된다.

칭찬이나 돈 같은 보상은 어느 수준까지는 효과적이지만 궁극적으로는 아이의 흥미를 해치게 되는 취약점이 있다. 어떤 일을 하려고 하다가도 남이 시키면 하고 싶지 않아지는 법이고, 내가 하는 일이 누군가의 통제를 받고 있다는 인식은 스스로 하고자 하는 내적동기가 약해지게 할 수 있기 때문이다.

다시 말해 보상을 통한 동기 유발은 궁극적으로 통제 안에 있을 때만 유효하다. 이는 우리가 외재동기(금전적 보상)를 위한 직장 일은 누군가의 감시가 있을 때 되도록 업무 시간 내에서만 하려고 하면서 내재동기(재미, 즐거움, 성취감, 숙달 같은 경험)를 위한 취미 활동은 금전적 투자나 개인의 여가 시간을 아낌없이 할애하면서 기꺼이 자발적으로 하는 이유기도 하다. 고등학교에 다닐 때까지 내재동기 없이 부모와 학교의 통제 안에서 비자발적으로 공부한 아이가 대학에 가서 통제가 풀리면 공부에는 손을 놓아버리는 것도 같은 이유에서다. 진짜 중요한 공부는 대학 때 시작해 일생 동안 지속하는 것인데도 말이다.

성장 동력을 유지하며 멀리 나아가는 힘

성인이 돼서도 다른 누군가의 통제 안에 있어야만 편안하게 느끼고 외재동기에 의해서만 움직이는 건 바람직하지 않다. 아이는 커갈수록 부모의 간섭, 감독, 통제에서 벗어나야 하며 독립은 필연적이다. 따라서 궁극적으로 내재동기가 없으면 아이가 자발적으로 끈기 있게 추구해 과업을 이루기 어렵다. 내재동기를 키워야 고생을 하고 실패를 반복해도 책임감과 목적의식을 갖고 자율적으로 노력하며 몇 번이고 도전하는 사람으로 성장할 수 있다.

내재동기를 이해하는 데는 미국 철학자이자 심리학자인 에이브러햄 매슬로(Abraham Maslow)의 욕구 피라미드가 도움이 된다. 그에 따르면 사람의 욕구는 크게 다음과 같은 단계로 나뉜다.

- 안전과 생존 욕구: 음식, 물, 집, 치안 → 결핍 욕구
- 관계 욕구: 소속감, 사랑, 우정, 인정, 존경 → 결핍·성장 욕구
- 자아실현 욕구: 성장과 성숙, 아름다움, 진리, 선^善 → 성장 욕구

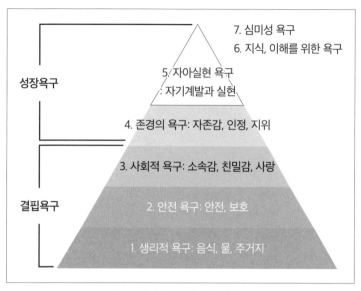

[그림 7] 매슬로의 욕구 피라미드

욕구는 추구하는 가치로 대변될 수 있고 '당신에게 무엇이 중요
합니까?', '누가 중요합니까?' 같은 질문으로 탐색할 수 있다. 이 질
문의 일반적인 답은 일, 학습, 건강, 개인적 성장, 재미, 안락함, 배
우자, 부모, 자녀, 동료, 친구 등이다.

예를 들어 중요한 것이 '일'이라고 답했다고 하자. 일은 사람에
따라 먹고사는 수단일 수도 있고 안정을 의미할 수도 있으며, 소속
감과 역할을 부여받고 존경과 인정을 받으며 자아실현을 하는 방
법일 수도 있다. 똑같이 배우자라고 답했다 해도 배우자가 뜻하는
바는 안락함이나 재미, 경제적 안정, 소속감과 사랑처럼 사람에 따

라 다양하다.

한 사람이 추구하는 이런 가치와 욕구는 생애 주기를 통해 계속 변화해 나갈 수 있다. 하위 욕구가 만족되면 거기서 멈추지 않고 피라미드 한 칸 위의 상위 욕구로 이동한다. 하나의 욕구가 만족됐다고 충분한 게 아니라 또 다른 욕구와 그에 따른 불만이 생기기 마련이며 새로운 욕구를 만족하기 위해 다시 노력한다.

이 같은 맥락에서 '욕심이 끝이 없다'는 말이 나쁘지만은 않다. 우리는 삶에서 가장 기본적인 가치가 만족되면 다른 형태의 가치를 추구한다. 생존 걱정이 사라지면 우리가 추구하는 가치는 꼭 기능적이어야 하거나 돈, 힘, 명예처럼 현실적으로 이득이 돼야 하는 것이 아닐 수도 있다. [그림 기에서 보듯이 사람은 생계와 안전이 보장되면 사랑과 소속감, 인정과 존경을 원하고 그 욕구가 채워지면 아름다움, 진리, 선 같은 더 추상적인 목적을 추구하려고 한다. 그렇기 때문에 우리가 아름다운 음악이나 그림, 문학작품 같은 문화와 예술을 향유할 수 있으며 과학기술이 끊임없이 발전하고 사회적 평등과 인권이 신장되는 것이다.

욕심과 욕망이 문제가 되는 경우는 욕구 추구를 멈추지 않을 때가 아니라 오히려 욕구 피라미드의 어느 한 단계에 고착돼 질적 변화가 일어나지 못할 때다. 예를 들어 찰스 디킨스(Charles Dickens) 소설에 나오는 구두쇠 스크루지 영감은 충분한 재산을 모아 생존과 안정이 보장됐음에도 사랑이나 소속감 같은 관계 욕구를 추구하는 단계로 나아가지 못하고 돈을 모으는 데만 골몰하다 뒤늦은 깨달음을 얻는다. 유령이 와서 깨우쳐주지 않았다면 그는 그가 살아 있을 때 누릴 수 있었던 소속감이나 사랑, 존경과 인정, 자아실현의 기회를 잃고 하늘나라로 갔을 것이다.

실제로 우울증으로 상담받는 많은 사례가 욕구 피라미드 안에서 성공적으로 다음 단계로 넘어가지 못하고 고착돼 있는 경우다. 성공 우울증(success depression)은 역설적이게도 원하는 바를 성취하고 난 뒤 찾아오는 깊은 우울감으로 입시나 취업에 성공한 20대나 경제적으로 안정을 찾고 아이를 거의 다 키워 일상에 여유가 생긴 중년기에 흔히 찾아온다. 성공 우울증을 앓는 사람은 현실에 아무 문제나 고민이 없고 주변 사람은 다 자신을 부러워하는데 왜 우울한 마음이 드는지 모르겠다고 얘기한다.

이들의 우울은 오랫동안 염원해온 결핍 욕구가 채워진 뒤 찾아오는 허무함과 다음 목표의 상실에서 비롯된다. 원하던 대학 또는 직장에 들어가거나 내 집을 마련하고 좋은 자리로 승진하면 피라미드 하단의 결핍 욕구가 채워진다. 가치관이 잘 정립돼 자신이 뭘 좋아하고 원하는지, 어떤 삶을 살고 싶은지 잘 아는 사람은 먹고사는 문제가 해결되면 기뻐하며 피라미드 상단으로 넘어가 성장 욕구를 추구한다.

반면 그때까지 현실적인 목표 너머에 있는 성장과 성숙, 아름다움, 진리, 선 같은 가치를 경험해보지 못했고 부모의 삶에서도 그런 가치 추구 행동을 관찰하지 못한 사람이라면, 목표를 이룬 후 목적의식이 사라져 방향성을 잃어버리고 혼란을 경험할 수 있다. 이런 성공 우울증은 뒤늦게라도 청소년기 아이처럼 자신의 가치관을 깊게 고민하고 탐색하는 과정을 거쳐야 낫는다.

예를 들어 다른 친구를 이기기 위해 공부를 열심히 한 아이가 (승부와 경쟁을 통한 확실한 생존의 추구, 선생님과 동료의 인정) 확고하게 1등 자리를 차지하고 나면 잠시 공부해야 할 목표를 잃고 허무함을 느낄 수 있다. 하지만 아이는 또래와의 경쟁 압박에서 자신의 능력과 위치에 대한 불안을 종식하는 데 썼던 에너지를 또 다른 가치를 탐색하고 추구하기 위해 쓸 수도 있다. 이제는 공부할 때 아무 부담 없이 순수하게 모르는 것을 알아가는 재미와 즐거움을 느낄 수도 있고 경쟁을 초월해 다른 친구에게 지식을 알려주고 공유하는 즐거움을 느낄 수도 있다.

아이가 20세까지 자신의 세계관과 참조 체계를 형성해가는 동안 부모는 아이에게 욕구 피라미드 하단의 가치뿐 아니라 상단의 가치까지 느끼고 경험해볼 수 있도록 도와주고 아이가 모델링할 수 있도록 부모 자신이 직접 상단의 가치를 추구하는 모습을 보여줄 수 있다. 당장은 눈앞의 목표에 전력투구하는 것이 시급하고 효율적으로 보일지 모르지만, 결핍 욕구뿐 아니라 성장 욕구까지 잘 발달해야 단기적 성취를 이룬 후에도 성장 동력을 잃지 않고 계속해서 멀리 갈 수 있는 힘이 생긴다.

아이가 자신의 욕구, 목표, 꿈이라고 믿는 것의 많은 부분이 사실 성장 과정에서 어떤 가치를 중요하게 여기는 환경에 노출됐느냐에 따라 달라진다. 가장 가깝게는 부모, 멀게는 사회 전체와 문화까지 아이 가치관에 영향을 준다.

조선시대 유교 문화에서는 삶의 중요한 가치가 충효인 것이 당연했지만 현대사회에서 누군가 그런 양식에 맞춰 머리카락을 자르지 않고 3년상을 치른다면 그 모습이 이상하게 보일 것이다. 반대로 조선시대 사람이 타임머신을 타고 현재 한국에 온다면 우리가 중요하게 여기고 꼭 지키려 하는 자유와 평등을 위한 행동 양식이 이해하기 어렵고 괴상해 보일 것이다.

우리가 설정한 삶의 방향은 이 시대와 문화에 스며들어 있어 당연하게 받아들여지며 별생각이나 의문 없이 이를 추구하고 있을 가능성이 크다. 하지만 가끔은 시류에서 벗어나 내가 뭘 중요하게 여기는지, 어떻게 살고 싶은지 진지하게 고민해볼 필요가 있다. 메타인지를 통해 내 생각을 관조해보는 것처럼 내 삶의 방향을 관조해보는 것이다.

분명한 가치관의 중요성

부모는 아이가 자신이 추구하는 가치를 명료하게 인식하도록 도와주고 아이가 도전에 실패하고 실망했을 때도 가치 추구를 상기시키며 포기하지 않도록 독려할 수 있다. 아이는 도전과 실패, 극복과 성공을 반복하면서 유능감을 느끼게 되고 이 감각이 켜켜이 쌓이면 자존감이 된다. 도전과 실패의 반복은 목표를 행동으로 옮기고 실행하는 과정에서 거칠 수밖에 없는 필연적 단계다. 그 힘든 과정에서 가치와 의미라는 '분명한 목표'가 없다면 실패가 반복될 때 의기소침해지고 중간에 멈춰버리기 쉽다.

가치는 우리가 목적지를 향해 가는 동안 지도와 나침반 역할을 한다. 여러 개의 욕구가 충돌할 때 우선순위를 부여하고 방향성을 제시해 결정과 판단을 내리는 데 도움을 주는 것이다. 목적 행동은 가치관이라는 지도를 틈틈이 참고해 길을 잃지 않도록 따라가되 주변 도로 상황과 교통 흐름을 살피면서 운행해 목적지에 도달하는 운전과 같다.

어느 바쁜 저녁, 회사에서 야근을 할지 퇴근해 아이를 볼지 회사 팀원과 부모로서 역할 갈등에 부딪힌다면 생산성과 친밀감이라는 두 가치 사이에서 내게 어느 쪽이 더 중요한지 물어야 할 것이다. 이럴 때 가치관이 분명하면 혼란이나 우유부단함 없이 명료한 판단을 내리고 후회를 줄일 수 있다. 반대로 소신 없이 그날그

날 팀장의 기분이나 아이 요구에 따라 판단한다면 행동 후에도 내가 잘한 건지 확신할 수 없고 결정이 늘 어렵게 느껴질 것이다.

가치 상실과 혼란은 지도와 목적지 없이 길 위를 헤매는 것과 마찬가지다. 목적지와 방향성이 분명하면 일시적으로 길을 잃거나 원하는 방향으로 가지 못하더라도 다시 원래 방향으로 길을 되찾아갈 수 있다. '목적과 가치'는 공이 멀리 튀어나가더라도 다시 원위치로 돌아오도록 중심에서 끌어당기는 고무줄 같은 역할을 해준다.

야근과 퇴근 사이의 내적 갈등으로 돌아가보자. 내가 아무리 가정과 가족을 중시한다 할지라도 직장 사정이 있으므로 언제나 칼퇴할 수는 없을 것이다. 만약 마감이나 중요한 프로젝트가 있어 가정보다 일에 더 큰 비중을 둬야 하는 시기가 이어진다면 가치관이 뚜렷하지 않은 사람은 어영부영 직장의 요구에 반응하다 관성에 의해 계속 그렇게 일할 가능성이 높다. 반면 가치관이 뚜렷한 사람은 현실의 요구에 의해 일시적으로 잠시 핵심 가치에서 비껴났다가도 다시 원래 가치로 돌아올 수 있는 탄력이 있다.

내게 중요한 가치와 목적 그리고 그 사이의 우선순위가 분명하면 현실의 난관이나 가치와 상반된 요구, 실패와 지연에도 다시 원래 목적으로 돌아와 지속해서 나아갈 수 있는 힘이 생긴다. 이 힘은 회복탄력성을 구성하는 중요한 요소다.

한편 목적의식이 분명하다 할지라도 그 목적을 이루려면 행동을 제어하고 무기력과 무활동에서 벗어나 가치 실현을 위해 세상에 참여해야 한다. 이렇게 자신이 추구하는 가치를 실현하기 위해 전념하는 일을 전념행동이라고 하며, 목적과 전념행동이 정렬된 상태를 자기일치라고 한다.

예를 들어 건강이나 아름다움을 위해 체중 감량을 해야겠다는 목적의식이 분명하더라도 일상생활에서 운동을 게을리하고 식이조절을 하지 않는다면 자기일치가 되지 않은 상태다. 이 상태에서는 자기가 추구하는 건강과 아름다움이라는 가치를 실현할 수 없다. 원하는 바가 있고 이를 현실화하려면 그에 합당하고 꾸준한 행동이 필요하다.

회복탄력성을 높이기 위해서는 목적이 얼마나 분명한가도 중요하지만, 여러 가지 장애물에도 불구하고 반복해서 도전하는 전념행동이 뒤따라야 한다.

아이의
'감정조절력'을 결정하는
정서적 자원 만들기

Chapter 5

안정된 애착과 신뢰를
만드는 9가지 방법

무조건적인 사랑과 신뢰의 중요성

아이가 역경과 실패를 잘 이겨내려면 안전한 누군가를 믿고 의지할 수 있어야 하고 적절한 사람에게 적절한 도움을 청할 줄 알며 문제가 해결되리라는 희망을 가질 수 있어야 한다. 희망이 있다면 일시적으로 어려움에 처하거나 후퇴하더라도 자신감을 유지할 수 있다. 이는 회복탄력성의 핵심이라고도 할 수 있는데 부모와의 애착은 이런 신뢰와 희망, 용기와 도전의 바탕이 된다.

가정은 아이에게 첫 사회이며 모든 관계의 원형이다. 아이는 부모와의 관계를 통해 세상을 엿보기 때문에 세상에 대한 신뢰와 믿음도 부모에 대한 신뢰에서 시작된다. 그리고 부모에 대한 신뢰는 '이 사람이 어떤 경우에도 나를 사랑할까? 어떤 경우에도 나를 떠나거나 버리지 않을까?' 하는 마음속 의문과 의심이 사라지고 '엄마 아빠는 어떤 경우에도 나를 사랑할 거고 절대로 버리지 않아' 하는 확신이 생길 때 형성된다.

거위는 각인효과(imprinting)에 의해 갓 태어났을 때 처음 본 대상을 어미라고 인지하고 무조건 믿고 따른다. 반면 사람은 자신의 운명을 맡기고 오랜 기간 의존해야 하는 대상을 생물학적 부모라고 해서 무조건 신뢰하지는 않으며 2~3년 이상 애착 형성 기간을 거친다. 그동안 아이는 '부모님이 나보다 먼저 죽으면 어떡하지' 하는 막연한 분리불안을 느끼기도 하고 '내가 부모님 말을 안 듣고 미운 말과 행동을 해도 혹은 내가 화를 내고 떼써서 힘들게 해도 과연 부모님은 나를 사랑할까' 걱정하기도 한다.

애착에 의한 신뢰는 생애 초기 2~3년 안에 거의 형성된다고 보지만 학령기와 청소년기에도 중간중간 불신과 두려움이 생길 수 있다. 내가 못생기고 뚱뚱하고 공부를 못한다 해도, 내가 부모 기대에 못 미치고 주변 사람에게 말하기 부끄러운 자식이어도, 내가 부모 의견에 따르거나 부모를 기쁘게 해주지 않고 내 생각대로 행동한다 해도 과연 부모가 무조건적으로 나를 사랑하고 나와 함께할지 걱정되는 것이다.

그래서 성장기 동안 아이는 실패를 하거나 부모와 갈등이 있을 때 종종 부모의 애착을 시험하기도 한다. 그럴 때 부모가 '당연히 엄마, 아빠는 어떤 경우에도 너를 사랑할 거고 절대로 버리지 않아' 하는 메시지로 진실되게 응해주면 아이가 안심하며 실패나 갈등을 딛고 일어설 힘과 신뢰를 얻는다. 이렇게 부모에 대한 신뢰와 믿음이 강해진 아이는 세상도 안전하고 신뢰할 수 있다고 확신하기 때문에 용기와 자신감을 갖고 세상으로 나아갈 수 있다.

이렇게 관계가 신뢰를 바탕으로 공고해지기 위해 최우선으로 보장돼야 하는 것은 아이가 자신의 마음을 온전히 느끼고 부모 앞에서 말과 행동으로 이를 드러내도 안전하다고 느끼는 것이다. '무조건적 사랑과 일관성'은 아이가 부모와의 관계가 안전하다는 느낌을 갖는 데 가장 중요한 요소다. 또 '적절한 제한과 한계 설정'도 행동 기준을 명료하게 하고 경계에 대한 인식을 심어줌으로써 아이에게 안전하다는 느낌을 줄 수 있다.

애착 위기 극복하기

아이는 생애 첫 1년 동안 엄마와 한 몸처럼 붙어 있다. 부모는 작고 무력해 자신에게 전적으로 의존하는 아기를 돌보는 과정에서 심리적으로 아기를 자신과 동일시할 수 있고 아기에게 자신의 욕구와 기분을 투영할 수도 있다. 이때는 부모와 아이가 심리적으로 거의 분리돼 있지 않기 때문에 아이에게 적절히 반응해 주기만 해도 충분하며 애착 위기가 생길 가능성이 낮다.

애착 위기는 아이가 2세 무렵일 때와 5~6세 그리고 사춘기에 자연스레 올 수 있다. 이 세 시기는 아이의 신체와 심리 발달 면에서 큰 도약의 시기기도 하지만 부모와의 관계도 크게 변화하기 때문에 관계에 긴장이 조성될 가능성이 높다.

아이가 2세 정도 되면 걷고 말하는 능력 그리고 '자아(ego)'가 생기면서 자기 생각과 의지대로 행동하려 하며 부모 말에 순순히 협조하지 않는다. 한마디로 부모 말을 정말 안 듣는다!(자식보다 강아지 같은 반려동물을 키우기가 더 쉬운 이유가 여기에 있다. 아이는 내 말을 잘 안 듣지만 개는 아이보다 자아가 약해 내 말을 더 잘 들어준다.) 이 시기 아이는 한겨울에 여름옷을 입겠다고 억지를 부려 설득하는 데 몇 십 분이 걸릴 수도 있고, 케첩을 따로 주지 않고 소시지 위에 뿌렸다는 이유로 식탁에서 한참을 울고 떼쓸 수도 있다.

그러다 보니 18~36개월 된 아이를 둔 부모는 아이 키우기가 고되게 느껴지고 막무가내로 고집부리는 아이가 미워질 수도 있다. 이럴 때 떠올려보면 도움이 되는 사실은 이 시기 아이의 어이없는 고집부리기는 엄마와 몸과 마음이 멀어지는 발달단계에 아이가 자연스레 느끼는 불안에서 비롯된다는 점이다. 아이는 자신이 부모와 다른 생각과 의지를 가져도 부모가 이를 인정해주고 사랑해줄 수 있는지 확인하고자 이 같은 행동을 하는 것이다.

미운 두 살을 지나 유치원에 갈 나이가 된 아이는 동성 부모에게 경쟁심을 보일 수 있다. 아들이라면 자기가 아빠보다 더 세다고 힘자랑을 하면서 승부에 집착하기도 하고, 딸은 자기가 엄마보다 예쁘다며 엄마와 외모 경쟁을 하고 아빠 같은 사람과 결혼하겠다며 아빠에게 은근한 애교를 부리기도 한다. 아장거리는 아기였을 때는 '엄마껌딱지', '아빠바라기'로 무조건 부모를 긍정하고 따르던 아이가 4~6세가 되면 이런 식으로 자신의 힘, 능력, 미모를 부모와 비교하고 경쟁하기 시작하는데 그 변화를 바라보는 부모는 아이에게 서운한 마음이 들 수 있다.

하지만 이 비교는 아이가 남성과 여성이라는 성정체성을 확립하고 동성의 부모와 자신을 동일시해 나가는 필연적인 발달 과정이다. 자신과 비교하고 질투하는 대상은 가장 의식하고 닮고 싶어 하는 대상이기도 하다. 즉, 아이가 "내가 아빠보다 더 세", "내가 엄마보다 예뻐"라고 말하면 부모를 가장 닮고 싶어 한다는 의미이므로 이 말을 들으면 마음속으로 기뻐해도 좋다. 아동기를 지나 초등학교에 갈 나이가 되면 아이의 비교 경쟁은 막을 내리고 다시 착한 아이로 돌아간다.

부모의 참을성과 무조건적인 사랑에 대한 시험이 절정에 다다르는 시기는 아이의 사춘기다. 10대 초·중반 아이는 이제 작고 귀엽지 않으며 부모에게 크게 의존하지도 않는다. 청소년기 아이는 어른에게 협조적이지 않을 뿐 아니라 괜스레 반항적이고 적대적일 때도 있다. 또 이제 더는 초등학생처럼 부모의 기대에 부응해 공부 잘하고 예의 바르며 훌륭한 사람이 되려고 애쓰지 않을 것이다. 그리고 아마도 부모에게는 낯선 스타일의 옷과 액세서리, 취향, 생활 습관, 친구, 여가 활동을 추구하면서 부모와 갈등을 빚을 것이다.

이 시기 부모에게 중요한 과제는 부모 자신의 욕구와 기대, 바람에 부응하지 않는 데다 시종일관 퉁명스러운 태도를 보이는 아이까지 사랑할 수 있어야 한다는 것이다. 아무리 부모라 해도 엉망진창인 방에 들어가 문을 걸어 잠그고 시끄러운 음악을 듣고 있는 아이를 이해하고 수용하고 사랑하기란 쉽지 않다(만약 학업성적까지 낮다면 더욱 그럴 것이다). 하지만 부모가 이 마지막 관문을 잘 통과해야만 아이가 갈등을 두려워하지 않고 다름을 인정하며 세상을 신뢰하는 독립된 사회인이 될 수 있다.

다만 아이에게 '무조건적' 사랑을 줘야 한다는 말을 '무제한적' 사랑을 주라는 말로 혼동하면 안 된다. 무조건적 사랑은 아이가 내 기대에 못 미치거나 내 바람과 다른 사람이 되거나, 내게 살갑고 친절하게 행동하지 않는다 할지라도 그 존재를 있는 그대로 받아들이고 사랑한다는 뜻이다. 이는 과잉보호나 무조건적 허용, 아이의 방종을 용인하는 태도와는 전혀 다르다. 무조건적 사랑을 어떤 요구나 행동이든 제한 없이 다 받아주라는 뜻으로 오해하면 제멋대로인 아이로 키우게 된다.

예를 들어 아이가 공공장소에서 소리를 지르고 뛰어다니면 아이가 답답해서, 놀고 싶어서 그랬다고 이해하며 그냥 두는 게 아니라 남에게 피해주는 행동을 하지 말라고 제한해야 한다. 아이가 친구를 때렸다면 '장난이었다' 혹은 '친구가 먼저 때려서 그랬다'고 억울해하며 핑계를 대더라도 '억울한 네 마음은 알겠지만 친구를 때리면 안 된다'고 단호하게 행동을 제한하고 아이를 혼내야 한다. 잘못된 행동에 대한 제한은 분명하고 충분히 강력해야 하며 이는 부모가 아이의 억울하거나 속상한 마음을 이해해주고 읽어주는 것과 얼마든지 양립할 수 있다.

보통 무조건적 사랑의 위기는 고분고분하게 말을 잘 듣던 아이가 고집과 밉상을 부리는 걸음마기와 유아기, 청소년기에 찾아온다. 조건적 사랑을 주던 부모라면 이 시기 아이와 사이가 틀어지기 쉽다. 이런 부모는 아이가 '귀엽고 예쁘니까', '엄마(아빠)밖에 모르니까', '나를 사랑하니까', '똑똑하고 뭐든 잘하니까', '말을 잘 듣고 착하니까' 아이를 사랑하며 이 조건이 변하는 순간 사랑을 거둔다.

애착 위기 시기에 중요한 점은 '죄는 미워하되 사람은 미워하지 말라'는 글귀처럼 아이의 지나치고 잘못된 행동에는 분명히 제한을 가하고 훈육해야 하지만 그 행동을 하는 아이의 존재 자체를 미워하거나 수치스러워하거나 부정해서는 안 된다는 것이다. 미워도 내 자식이기 때문이다.

80퍼센트 일관성 원칙

우리는 어떤 대상에 일관된 패턴이 있어서 대체로 예측 가능할 때 안전하다고 느낀다. 아이에게 사랑과 따스한 느낌을 주는 것도 중요하지만 그보다 우선돼야 할 것이 곁에 있는 사람(환경)이 안전하다는 느낌을 주는 것이다. 아이의 최초 환경인 부모는 아이가 세상이 안전한 곳이라 느낄 수 있도록 일관적인 양육 태도를 보일 필요가 있다. 일관적이라는 말은 규칙성과 예측성을 바탕으로 이해할 수 있다는 뜻이며, 일관적인 대상이란 믿을 수 있고 안전하게 느껴지는 것이다. 부모는 아이에게 바로 이런 대상이자 환경이 돼줘야 한다.

비일관적인 환경은 변덕스러운 날씨에 비유할 수 있다. 특정 시기에 일관되게 춥거나 비가 오거나 일교차가 큰 날씨는 비록 좋은 날씨라 할 순 없지만 충분히 예측 가능하다. 미리 따뜻한 옷을 입거나 외투와 우산을 챙겨 나가면 날씨 변화에 대비할 수 있고 안전하다고 느낄 수 있다. 반면 규칙성 없는 변덕스러운 날씨는 예측이 어렵기 때문에 대처도 어렵다. 고산지대 날씨처럼 햇빛이 쨍쨍하다가 비가 쏟아지거나 땀이 나도록 무덥다가 무섭게 추워지는 날씨는 처음 겪는 사람에게는 무척 혼란스러운 경험일 것이다. 성경에서 역병이나 가뭄, 홍수가 신의 분노나 저주로 해석된 것처럼 우리는 예측하기 어렵고 통제할 수 없는 대상을 본능적으로 위험하다고 느끼며 공포의 대상으로 여긴다.

아이 역시 일관되게 차가운 환경보다 차갑다가 따뜻하다가, 돌봐주다가 방치하다가 하는 것처럼 불규칙적이고 변덕스러운 환경을 더 위협적으로 느낀다. 아이 입장에서는 늘 나쁜 부모보다 이유도 없이 언제는 좋고 언제는 나쁜 부모가 더 무섭게 다가오는 것이다. 비일관성은 아이의 불안과 혼란을 가중한다. 일관되게 나쁜 부모는 아이가 부모에게 가까이 가지 않기 위해 노력하고 대안을 찾으면 되지만, 변덕스러운 부모는 어떻게 해석하고 판단해야 할지 혼란스러워 아이가 가까이 갈 수도 밀어낼 수도 없는, 믿을 수 없는 대상이다.

일관성은 부모가 아이를 대하는 태도뿐 아니라 구체적인 훈육 방침에도 적용된다. 동영상 시청 시간 제한을 예로 들어보자. 만약 아이가 동영상 보는 시간을 '하루 1시간 이하로 보기'처럼 일관되고 객관적인 규칙이 아닌 부모의 감으로 제한한다고 하자. 부모 마음에 '내가 동영상을 너무 많이 보여주는 것은 아닐까?' 하고 문득 불안이 느껴지는 날은 아이가 동영상을 30분밖에 보지 않았는데도 이제 그만 보라고 채근하다가, 부모가 지쳐서 아무것도 하고 싶지 않은 날은 2시간 넘게 보여줘 버리는 식으로 기준이 들쭉날쭉하는 것이다. 이렇게 일관적이지 않은 제한을 경험한 아이는 '동영상은 하루에 얼마 정도 보는 게 적당하구나' 하는 마음속 기준이 생기지 않고 부모 기분을 살피고 눈치를 보는 불안한 아이가 될 수도 있다.

일관적이라고 해서 부모의 기준이 100퍼센트 완벽하게 일정해야 한다는 뜻은 아니다. 70~80퍼센트 정도는 대체적으로 규칙적이고 일정하지만 20~30퍼센트의 예외나 변칙은 있을 수 있다. 철저하게 일관된 것은 오히려 부모의 강박성이나 완벽주의를 의미하며 예외나 변칙이 있는 실제 현실이나 사회와는 동떨어진 기계적 환경에 가깝다.

예를 들어 '2세 전에는 아이에게 동영상을 보여주지 않는다'는 원칙을 세웠다면 대체로는 따라야 하지만 TV가 있는 할머니 집에 놀러 가서는 가끔 볼 수도 있다든지, 엄마가 저녁 준비를 하는 동안에는 짧게 교육적인 동영상을 보며 기다려도 된다든지(아이가 저녁 준비 중에 부엌에 오면 더 위험할 수 있으므로), 아프거나 비가 와서 바깥 활동이 어려운 날은 보여준다든지 하는 것처럼 합리적인 예외는 있을 수 있다. 이럴 경우 예외가 인정되는 이유를 설명해 아이가 납득하게 하면 된다.

부모 행동이 일관되지 못한 가장 흔한 이유는 부모가 감정적으로 자녀에 대한 규칙이나 방침을 계속 바꾸기 때문이다. 예를 들어 화를 어떻게 다룰지 몰라 참는 방식을 주로 쓰는 부모는 평소에는 아이가 과하게 떼를 쓰거나 잘못을 해도 꾹꾹 참고 그냥 넘어가다가 아이의 사소한 행동에 갑자기 화가 터질 수 있다. 아이 시각에서 보면 로션을 방바닥에 바르고 그릇을 엎어 음식을 쏟아도 화를 내지 않던 부모가 사탕 하나만 더 달라는 사소한 요구에 갑자기 화를 버럭 내는 것이다. 아이는 부모 마음속을 들여다볼 수 없기 때문에 부모가 하루 종일 화를 눌러 담고 있었다는 사실은 모른 채 사탕 하나 더 먹고 싶다고 한 게 그렇게 화낼 일인지 억울하기만 할 것이다.

아이는 부모의 반응으로 자신의 행동에 대한 옳고 그름을 판단하기 때문에 로션을 바닥에 바르거나 음식으로 장난치는 것은 부모가 화내지 않으니 괜찮지만, 사탕을 달라고 하는 것은 부모의 반응을 보니 하면 안 되는 행동인가 보다 하고 이상한 기준을 세워 상황을 해석할지도 모른다. 따라서 일관된 양육을 하려면 부모가 감정을 잘 컨트롤하는 것이 가장 중요하다. 부모가 감정조절에 실패하는 여러 가지 이유는 뒤에서 자세히 다루겠다.

양육이 일관되지 못한 또 다른 이유는 부모가 양육 방침에 확신이 없어서 아이에게 어떻게 하는 것이 좋을지 판단하지 못하기 때문이다. 누구나 부모라는 역할은 처음 경험해보기 때문에 자신의 기준이나 결정에 확신이 안 들고 어떻게 해야 할지 몰라 우왕좌왕할 수 있다. 첫아이는 처음이라 당연히 어렵고, 둘째 아이는 이미 양육 경험이 있다 할지라도 첫아이와 기질이 전혀 달라 다른 방식으로 다뤄야 할 수도 있으며, 한 아이를 키우는 동안에도 발달 시기에 따라 허용과 제한의 기준이 계속 변화하므로 부모도 양육 방침도 아이가 성장함에 따라 계속 변화해 나가야 한다. 따라서 아이를 키우는 당시에는 어느 부모라도 자신이 옳다고 확신에 차 양육하기는 어려우며 고민하고 갈등하는 것이 당연하다. 하지만 지나치게 확신이 없으면 자칫 주변 의견에 휩쓸리고 기준이 계속 바뀌어 일관성을 해치고 혼란을 일으킬 수도 있다.

정답을 찾기 위해 주변에 물으면 시어머니, 친정어머니, 다른 학부모, 친구들의 경험과 조언이 제각각이고 부부 사이에도 의견 차가 있다. 심지어 육아서조차 시대별, 학파별로 저마다 다른 말을 한다. 각각의 조언은 저마다의 맥락에서는 적절했을지 모르나 정답은 아이마다, 엄마마다, 시대마다, 상황마다 다르기 때문에 '지금 나와 우리 아이'에게 그 조언이 잘 맞으리라는 보장은 없다. 아이 성격과 내 상황에 어떤 양육 방법이 적절한지는 아이를 관찰하며 직접 경험해보고 육아서(전문가나 기관의 의견)나 주변 의견을 아이에게 실제로 적용해 보면서 스스로 판단하는 수밖에 없다.

적절성을 평가하기 위해서는 적어도 며칠에서 몇 주간 양육법을 적용하며 '아이 반응'을 살펴야 한다. 내 행동에 따른 아이의 행동 변화가 가장 정확한 효과성 지표기 때문이다. 내가 방침을 바꾼

후 아이 표정이 더 밝아졌는지, 짜증을 덜 내는지, 잠을 더 잘 자는지, 친구들과 더 잘 어울리는지 살펴본다. 이때 반응은 아이 행동 하나하나를 세부적으로 보기보다 충분한 시간을 두고 아이가 기관(어린이집, 유치원)에서 어떻게 지내는지, 집에서 어떤지 등 최소 2곳 이상의 환경에서 관찰한다.

상황: 30개월 남자아이의 활발함과 위험 행동 구분하기

- **할머니** 애들은 다 넘어지면서 크는 거다. 놔둬라.

- **옆집 아이(28개월 여아) 엄마** 아이 엄마가 조심스러운 성격이고 아이도 우리 아이보다 얌전한 편이라 함께 놀면 우리 아이를 과격하다고 생각하는 듯함.

- **어린이집 선생님** 또래 남자아이 행동에서 크게 벗어나지 않지만 가끔 친구가 갖고 노는 장난감을 뺏기도 하고, 놀이터에서 높이 올라가는 것을 무서워하지 않는 과감성을 보여줘요.

- **육아서** 30개월은 스스로 걸을 수 있어 행동반경이 넓어지고 호기심이 늘어나 탐색이 활발한 시기다. 단독 놀이나 병행 놀이를 즐긴다.

- **나의 관찰과 판단** 남자아이라 그런지 옆집 아이보다는 확실히 활발하고 행동반경이 넓네. 어린이집에서 대체적으로는 잘 지내는 것 같은데 인내심이 없어 자기가 원하면 다른 친구 장난감도 가져가 버릴 때가 있구나. 놀이터에서 놀 때 차례를 잘 지키고 다른 친구 장난감을 무조건 가져

오지 않도록 유심히 봐야겠다. 킥보드를 조금 빨리 사주면 재미있어하고 활동 욕구가 해소될지도 모르겠네.

• 행동 방침 결정과 아이 반응 관찰

1. 놀이터에서 놀 때 아이를 유심히 지켜보다가 차례를 지키기 힘들어하는 모습이 눈에 띄면 중재한다. 새치기를 해 먼저 놀이기구를 타려 하면 그러면 안 된다고 행동을 제한하고 규칙을 알려준 뒤 이를 지키도록 압박할 수 있다. 먼저 하고 싶다고 떼를 쓰고 울면 '마음은 이해하지만 그럴 수 없다'고 아이를 데리고 나와 타이를 수도 있다. 비슷한 상황을 여러 차례 반복하면서 아이의 욕구 조절하기와 규칙 지키기 행동에 변화가 있는지 관찰한다.

2. 킥보드를 사준다. 아이에게 새로운 흥미와 더 활발한 운동이 필요할 수 있으므로 이를 충족해 에너지를 발산하고 문제 행동은 줄이도록 재설정하는 것이다. 킥보드를 타고 운동을 많이 한 오후에 아이가 더 차분해지는지 관찰해본다.

부모가 감정조절에 실패하는 이유

아이에게 부모 자신이나 주변 사람에 대한 감정을 투영한다

부모가 아이를 자신과 동일시해 아이와의 감정적 거리가 너무 가까우면 아이를 대할 때 감정을 조절하기가 어려워진다. 당연한 말이지만 아이는 '나'가 아닌 '남'이다. 가족, 특히 자녀에게는 감정 분리가 쉽지 않기 때문에 부모는 무의식적으로 자신의 분노와 우울, 불안을 아이에게 전달하기도 하고 반대로 아이에게 지나치게 공감해 아이의 성공과 실패를 마치 자기 일처럼 받아들이기도 한다.

예를 들어 남편과 사이가 좋지 않은 엄마는 남편에 대한 불만과 자신의 우울을 자녀에게 하소연하면서 의도치 않게 자기감정을 아이에게 넘겨줄 수 있다. 엄마는 고통에 공감해주는 자녀를 보며 외로움을 달래고 위로를 받겠지만 아이는 자기 시각이 아닌 엄마 관점에서 본 아빠를 기억하고 엄마의 분노와 우울을 내재화할 가능성이 있다. 남편으로서는 나빠도 아빠로서는 좋은 사람일 수도 있는데 말이다.

반대로 부모가 자녀 감정에 지나치게 몰입해 자녀를 자기와 동일시하면 아이가 겪는 일이 꼭 내가 겪는 일처럼 느껴진다. 아이가 시험을 잘 치면 내가 잘 친 것처럼 기쁘고, 아이가 회장 선거에서 떨어지면 마치 내가 떨어진 것처럼 괴로우며, 학원 레벨 테스트에서 수차례 떨어지면 아이보다 내가 더 불안하거나 화가 나기도 한다.

이런 부모는 자기감정에 빠져 있기 때문에 아이 쪽으로 시선을 돌려 아이 감정을 알아채고 반응해주지 못한다. 부모 마음에 불안의 불씨가 타오르면서 '생존 모드'가 가동돼 아이 표정에 눈길을 주고 감정을 살피거나 속상하다는 아이 말에 귀 기울여줄 여유가 없는 것이다. 생존 모드의 부모는 관계지향적, 감정지향적 행동보다는 목표지향적 행동을 할 가능성이 높다. 스마트폰으로 다른 학원 레벨 테스트 일정을 검색하는 데 골몰한다든지, 조급한 마음에 아이에게 학습을 종용하거나 다른 부모에게 전화를 돌려 학원 동향을 물어보기 바쁠 수도 있다.

하지만 레벨 테스트에서 떨어져 의기소침한 아이의 회복탄력성을 키워주기 위해 정작 부모가 해야 할 일은 모두 '이완 모드'에서 가능하다. 부모는 아이와 함께 불안의 바다에 빠져 허우적대는 대신 자기감정에서 한 걸음 물러나 아이가 힘든 상황에 어떻게 반응하고 느끼는지 얼굴 표정과 행동, 말투를 차분히 살피면서 아이가 그 감정을 부모와 함께 나누고 소화할 수 있도록 기다려주고 도와줘야 한다. 스마트폰 액정만 들여다보고 있거나 다른 학부모와 통화할 것이 아니라 아이의 얼굴을 보고 말을 들어야 아이에게 진정한 도움이 되는 것이다.

아이와 동기화돼 같이 불안을 느끼는 부모는 행동력을 높여 지금 당장 아이를 더 좋은 학원에 보낼 수 있을 것이다. 하지만 가만히 아이 감정을 담아주는 부모는 다른 학원은 알아보지 못할지언정 아이가 연속된 실패에도 자존감이 떨어지거나 열등감, 패배감을 느끼지 않고 용기 내 도전할 수 있는 근본적인 능력을 키워줄 수 있다.

한편 부모는 아이에게 자기 자신뿐 아니라 가까운 다른 사람, 이를테면 자신의 부모, 배우자의 부모, 배우자, 형제 등을 투영할 수도 있다. 아이의 일면인 외모, 습관, 성격, 행동에서 자기가 강렬한 감정을 느꼈던 누군가가 자주 연상될 때 부모는 눈앞에 있는 아이를 아이 그 자체로 보지 못하고 연상되는 사람에 대한 감정을 섞어 대하게 된다.

예를 들어 아침에 남편과 부부싸움을 해 남편에 대한 감정이 안 좋은 엄마가 있다고 하자. 만약 아들이 남편과 닮은 행동을 하면 그날따라 그 행동이 유독 거슬리고 화가 나서 아이를 평소보다 과하게 혼낼 수도 있다.

이는 남편에 대한 감정이 아이에게 덧씌워진 것으로 아이 입장에서는 엄마의 행동이 비일관적이고 납득되지 않을 것이다. 아이는 엄마 마음속으로 들어갈 수 없기 때문에 '엄마는 내가 아닌 아빠에게 화가 나 있고 내가 한 행동이 엄마 마음에서 아빠를 연상시켜 그런 것일 뿐이야' 하는 식으로는 꿈에도 생각할 수 없다. 단지 평소와 다를 바 없이 행동하는 내게 유난히 화를 내는 엄마가 이상하고 무섭게 느껴질 뿐이다. 이상하고 무서운 대상은 안전하지 않으며 아이는 안전하지 않은 대상을 믿고 의지할 수 없다.

아이의 감정을 알아주고 반응해줄 여유가 없다

너무 완벽한 부모가 되려고 한다면

부모가 아이에게 짜증을 많이 내는 경우는 역설적으로 너무 완벽한 부모가 되려고 할 때다. 너무 잘하려고 애쓰고 남의 평가에 신경 쓰다 보면 조바심이 나고 마음에 여유가 없어 정작 아이 감정에는 신경 쓰지 못한다. 또 특정 상황에 무리해서 최선을 다하다 지쳐버리거나 스스로 생각했던 잣대에 못 미치면 결과적으로는 짜증 내거나 욱하게 된다. 그리고는 아이를 감정적으로 대했다는 죄책감에 자신감마저 없어진다. 결국 '내가 하는 것이 맞나?' 하고 양육 원칙까지 흔들리면서 비일관성의 악순환에 빠지고 만다.

우리는 점수로 따졌을 때 100점 만점에 70~80점 정도 부모가 되면 충분하다. 우리 목표는 '꽤 괜찮은 엄마', '충분히 좋은 아빠'지 만점짜리 부모가 아니다.

또 부모가 노력, 시간, 돈, 행복을 무리하게 희생해 아이에게 공을 들이면 자신이 희생한 만큼 아이에게 과잉기대를 할 수 있다. 부모가 금전적·시간적 정성을 엄청나게 투여했는데 아이가 부모만큼 애쓰지 않고 적당히만 열심히 하면 부모는 아이에게 화가 나기 일쑤다. 기대치가 높아진 탓에 이미 아이가 평균 이상으로 열심히 하고 있더라도 그것만으로는 만족하지 못하는 것이다.

예를 들어 아이에게 좋은 이유식을 먹이려고 비싼 한우 안심에

유기농 재료를 사다 밤늦게까지 손질해 정성껏 만들었다고 하자. 다음 날 아침 피곤한 상태에서 내가 힘들게 만든 이유식을 잘 먹지 않고 뱉어내며 장난만 치는 아이를 보면 부모는 너무 화가 날 수 있다.

이 글을 읽는 독자는 부모가 화를 내는 이유에 충분히 공감하겠지만 돌이 안 된 아기는 눈앞의 부모가 왜 화를 내는지 도무지 알 수가 없다. 아기는 자기가 자는 동안 부모가 쏟은 정성은 알 도리가 없고 이유식으로 장난 좀 쳤다고 무섭게 화를 내는 부모의 행동만 기억에 남는다.

또 아이의 유치원 생일 파티 답례품으로 선물을 고르면서 가격이 너무 비싸 다른 부모들에게 부담을 주진 않을지, 반대로 너무 저렴해 성의 없어 보이진 않을지, 포장이 센스 없어 보이진 않을지 등등 여러 사람의 평가를 신경 쓰고 하루 종일 스트레스를 받았다고 하자. 그러면 에너지가 소진되어 정작 저녁에 숙제를 봐주며 아이와 직접 상호작용하는 시간에는 아이가 소소한 투정만 부려도 버럭 화를 낼 수 있다.

이런 부모는 부모 개개인의 에너지 수준이 다르다는 사실을 인정해야 한다. 다른 학부모가 자기 일도 하면서 아이 준비물도 살뜰히 챙겨주고 숙제도 봐주고 집안도 예쁘게 꾸며놓는다고 해서 나도 그렇게 할 수 있는 건 아니다.

아이들은 저마다의 강점과 약점, 개성이 있어서 형제나 친구와 비교를 하면 안 되듯이 부모도 마찬가지다. 자기 자신과 다른 부모를 비교하고 있다면 이제 그러지 말자. 상황이 버겁거나 에너지 수준이 낮다면 남과 비교하지 말고 내 수준에 맞게 조절하는 편이 낫다.

아이 키우기가 힘들다고 느껴진다면 너무 완벽한 부모가 되려고 욕심내지 말고 우선순위를 정해 후순위 일은 과감히 제쳐둬도 괜찮다. 적당히 좋은 부모가 되어도 충분하다.

하지만 명심할 점은 의식주를 제외하면 정서 발달을 위한 '아이와의 놀이 시간', '아이와의 대화와 교감'이 양육에서 가장 높은 순위를 차지해야 한다는 것이다. 반찬 가짓수가 줄고 방과 거실이 엉망이고 설거지가 밀리고 집안 행사를 멋지게 준비하지 못한다 할지라도 아이와 하루 30분 재밌게 노는 일이 훨씬 중요하다.

번아웃이 왔다면

얼굴에서 웃음기가 사라지고 아이에게 반응을 못해줄 정도로 지치거나, 아이가 조금만 떼쓰거나 집을 어질러도 화가 치민다면 번아웃이 왔을 가능성이 높다. 이때는 주변에 도움을 청하고 잠시 쉬면서 자신을 점검하는 것이 지친 채 아이를 계속 돌보면서 부정적 감정을 노출하는 것보다 낫다.

만약 번아웃이 왔는데도 잠시도 다른 사람(조부모나 배우자, 기관

등)에게 아이를 맡기지 못하겠다면 부모인 내게 분리불안이 있는 건 아닌지 자문해 볼 필요가 있다.

만약 배우자가 아이를 안아주는 어설픈 자세, 할머니가 만들어주는 다소 짠 음식, 할아버지가 거실에 늘 틀어놓는 TV가 염려된다면 그들을 무조건 불신할 게 아니라 나의 짜증과 무표정이 아이에게 줄 영향과 아이가 타인에게서 받을 약간의 불편을 비교해 어느 쪽이 나을지 고민해보자. 주 양육자가 아이를 도맡아 보는 것도 좋지만 심신이 지친 상태에서의 양육이 아이에게 더 안 좋은 영향을 줄 수 있다.

하버드대학교 심리학자 에드워드 트로닉(Edward Tronick) 박사의 무표정 실험(Still Face Experiment)[1]은 아기가 부모의 무표정과 무반응을 얼마나 힘들어하는지 단적으로 보여준다. 실험에서 엄마는 아기와 마주 보고 웃고 장난을 치다가 갑자기 무표정으로 얼굴을 바꾸고는 아이가 웃고 소리치고 저기를 보라고 말해도 반응하지 않은 채 가만히 있는다. 아이는 엄마가 단 몇 분 반응이 없을 뿐인데도 안절부절못하고 괴로워하다가 엄마의 표정이 다시 생동감 있게 반응하기 시작하면 이내 안정을 찾는다.

이 실험은 양육자의 우울증이 아이에게 미치는 영향을 보여주기 위해 고안됐다. 실제로 부모의 우울증은 조현병보다 아이 정서에 더 부정적 영향을 미친다는 연구도 있다.

이 실험을 응용한 다른 실험은[2] 엄마가 스마트폰을 보며 아기에게 반응하지 않을 때 아이가 얼마나 고통스러워하는지 보여준다. 아이를 키우면서 지치고 우울했던 때를 떠올려보자. 아이가 손가락으로 뭔가를 가리키거나 소매를 잡아끌면서 끊임없이 "이것 보세요", "같이 놀아요", "이리 오세요"라고 할 때 무표정한 얼굴로 영혼 없이 "어 예쁘네", "재밌겠네", "잠깐만…"이라고 답하고는 금세 핸드폰으로 눈길을 돌리진 않았는가?

좋은 부모가 되고 싶은 마음이 굴뚝같고 현재 상황에서 최선을 다하고 있는 부모일지라도 내가 지치고 우울하면 아이의 관심 끌기와 요구가 귀찮고 힘들게 느껴질 수 있다. 그리고 부모의 무기력은 무표정과 무반응으로 이어져 아이에게 의도치 않은 상처를 줄 수 있다.

특히 아이가 울어도 달래주기 싫거나 모든 것을 다 놓고 싶은 마음이 들면 육아 우울증이 아닌지 의심해봐야 한다. 육아 우울증이 오면 평소와 별반 다르지 않게 아이가 떼쓰거나 집을 어지럽혀도 아이가 미워지고, 감정이 북받쳐 올라 아이를 때리거나 아이가 놀랄 정도로 소리를 지르거나 아이 팔을 잡고 마구 흔들고 싶을 수 있다. 곧 이런 행동을 후회하면서 나는 나쁜 엄마라고 자책하며 스스로를 몰아붙이지만 다음 날이 되면 다시 못 참고 짜증을 내거나 다 포기하고 싶어진다.

이런 패턴의 반복을 내 힘으로 끊어낼 수 없을 것 같고 아이 때문에 내가 불행한 것 같다는 원망이 들진 않았는가? 그렇다면 잠시 아이와 떨어져 부모 마음을 먼저 돌봐야 한다.

아이의 부정적 감정이 불편하다

아이는 뇌가 아직 미성숙한 상태기 때문에 혼자 감정을 조절하기 어렵다. 감정조절은 일종의 기술이라 중요한 관계(주로 가족과 친구) 안에서 수년에 걸친 반복적 상호작용을 통해 학습되며 좋은 가르침을 받아야 숙련되고 능숙해질 수 있다. 어릴 때는 긍정적 감정, 부정적 감정 모두 다 조절하기 쉽지 않지만 특히 부정적 감정의 조절은 긍정적 감정보다 난도가 높아 성인이 돼서도 매끄럽게 조절하지 못하는 사람이 많다.

예를 들어 아기는 너무 재밌거나 많이 웃으면 흥분하기도 하는데 스스로 그 흥분을 가라앉히기 힘들어한다. 이럴 때 부모는 아기를 꼭 안아서 진정하게 하거나 조용한 곳으로 데려가 자극을 차단하는 방식으로 아이가 흥분을 가라앉힐 수 있게 도와준다. 대부분의 부모가 아이의 긍정적 감정은 이런 식으로 잘 다루지만 부정적 감정은 다루기 힘들어한다. 부모 자신이 부정적 감정을 조절하는데 익숙하지 않아 회피하거나 참는 방식으로 다뤄왔기 때문에 아이가 가감 없이 부정적 감정을 표현하면 어쩔 줄 몰라 하는 것이다.

사회화를 거치지 않은 아이가 날것의 부정적 감정을 드러내는 것은 당연한 일이다. 부모는 아이의 분노, 짜증, 불안에 눈살을 찌푸리는 대신 이런 순간을 부정적 감정을 어떻게 다룰지 가르쳐줄 절호의 기회로 삼는 것이 좋다. 아이가 말이나 행동으로 나쁜 감정을 표현하면 부모는 그 감정을 피하거나 아이를 혼내지 말고 잘 다뤄줄 수 있어야 한다.

아이의 분노를 견디기 힘들다면

아이가 분노, 거부, 무시, 질투, 책망, 비난을 표현하면 견디기 어려워하는 부모가 많다. 아이가 화를 내면 분노는 읽어주고 받아주는 한편 행동은 제한해야 하는데 부모가 아이와 함께 화를 내거나 부적절한 죄책감을 느끼는 것이다. 다음과 같은 상황을 생각해보자.

상황 1

아이 (아침에 늦게 일어나 짜증을 내면서) 아이씨, 엄마가 안 깨워줘서 늦었잖아!

엄마 (자동적으로 화가 나) 엄마가 깨웠는데도 네가 안 일어난 거잖아! 왜 엄마한테 난리야?

비난에 취약한 엄마가 아이의 짜증에 공격으로 응수해 아이와 싸워버리면 대화는 두 사람의 감정싸움으로 끝날 뿐 남는 것이 없다. 아이에게 부정적 감정 다루는 법을 가르칠 기회를 놓치는 것이다.

만약 엄마가 "우리 ○○이가 지각을 하게 돼서 속상한가 보네. 그렇지만 엄마한테 그렇게 못되게 말하면 안 되지? 그건 버릇없는 행동이야. 엄마가 학교까지 태워줄 테니 빨리 준비하고 나가자"라는 식으로 침착하게 대응하면 아이의 마음을 읽어 부정적 감정을 수용하고 처리할 기회를 주면서도 아이에게 잘못된 표현 방식을 훈육하고 대안 행동을 제시할 수 있다.

비록 실제 상황에서는 이 대화처럼 엄마가 마음을 읽어준다 해도 아이의 짜증이 바로 가라앉지 않고 아이가 툴툴대는 시간이 상당히 지속돼 결국엔 엄마도 버럭 할 확률이 높지만 반복해서 노력하면 아이가 감정을 소화하는 데 걸리는 시간이 점점 짧아질 것이다. 그리고 아이는 계획이 실패해 화가 나더라도 유연하게 대처하는 감정-행동 패턴을 습득할 것이다.

상황 2

엄마 ○○아, 이제 그만 놀고 밥 먹으러 와.

아이 (못 들은 척 자기 할 일만 함)

엄마 엄마가 그만 놀고 오랬지?

아이 (무반응)

엄마 엄마 말 안 들려? 지금 엄마 말 무시하는 거야?

이 상황에서 아이는 엄마를 무시할 의도가 있었던 것이 아니라 단순히 게임을 더 하고 싶었거나 움직이기 귀찮았을 가능성이 높다. 하지만 엄마 마음속의 '무시당함'과 관련된 상처가 아이 행동에 의해 자극돼 엄마는 더 화가 났을 수 있다. 부모는 직장이나 사회에서는 무시당한다는 느낌을 받아 화가 나도 속으로 참고 넘어가는 경우가 많지만 가까운 사이, 특히 아이 앞에서 그 상처가 자극되면 잘 참지 못하고 이전에 타인으로 인해 쌓인 화까지 같이 터트린다.

이런 상황에서는 엄마가 자신의 마음을 가만히 바라보는 메타인지를 활성화하면 도움이 된다. 여러 상황에서 벌어지는 아이와의 갈등에 공통적으로 마음이 상하는 부분이 '나를 무시하는 거야?' 하는 지점으로 수렴되진 않는지 자기 마음을 들여다보는 것이다.

유달리 밉고 싫고 화나는 감정적으로 튀는 부분은 보통 상대 문제라기보다 내 문제일 가능성이 높다. 아이가 나를 무시한 것이 아니라 내가 무시당하는 것 같은 느낌에 예민한 사람일 수 있다는 뜻이다.

형 (동생을 주먹으로 때리면서) 너 내 물건 만지지 말랬지?

엄마 동생을 때리면 안 되지.

형 엄마는 맨날 동생 편만 들어. 엄마 싫어. 나만 혼내고. 나만 미워해.

형제가 싸우다가 형이 동생을 때렸을 때 엄마가 형인 아이의 행동이 잘못됐다고 말하면 아이는 엄마가 자기편을 들어주지 않는다며 속상해한다. 그러면 엄마는 죄책감이 들고 아이와의 관계가 틀어질까 봐 불안해지면서 형 편을 더 들어줬어야 하는 건 아닌지, 내 훈육 방법이 잘못된 건 아닌지 혼란스러울 수 있다.

이번에도 상황 2에서와 마찬가지로 엄마가 자기감정을 솔직하게 바라볼 수 있어야 문제가 해결된다. "아니야, 엄마는 너랑 동생 둘 다 똑같이 사랑해"라고 형식적인 말로 덮으려 하지 말고 내가 정말로 동생 편을 든 건 아닌지, 평소 동생에게 더 허용적인 태도를 보이진 않는지 되물어 볼 필요가 있다.

만약 정말로 동생에게 마음이 더 기울어졌던 것이라면 이를 인정하고 아이의 서운한 마음을 받아주며 다음번에는 더 공평하게 행동하면 된다. 반면 정말 사심 없이 공평하게 아이를 대했고 아이의 잘못된 행동을 훈육한 것뿐이었다면 아이 말에 죄책감을 느낄 필요가 없다. 부모가 어떤 감정을 느끼고 어떤 태도를 취해야 맞는지는 내 진짜 감정에 솔직해져야만 알 수 있다.

아이가 짜증을 내거나 버릇없이 군다고 해서 부모까지 감정이 상해 화를 내며 응수할 필요는 없다. 아이의 짜증과 불만은 욕구와 현실의 불일치를 의미할 뿐 부모에 대한 공격이 아니다. 단지 아이가 감정 표현을 세련되게 하지 못하는 것일 뿐이므로 부모는 감정적으로 대응하는 대신 아이에게 더 나은 표현을 알려주고 이를 반복해 익힐 수 있도록 도와줘야 한다.

이런 감정조절과 표현 기술은 1~2번 알려준다고 익혀지지 않기 때문에 수년간 반복해야 성과가 눈에 보일 수도 있다. 따라서 부모는 아이의 행동 변화가 금방 나타나지 않더라도 좌절하지 말고 인내하며 지속해야 한다.

아이의 불안을 견디기 힘들다면

아이가 걱정이나 불안, 조급함, 자신감 저하를 보이면 힘들어하는 부모가 많다. 불안에 취약한 부모는 아이가 불안해하면 자신이 더 불안해져 같이 흔들리기도 하며 불안을 견딜 수 없어 성급히 아이 감정을 부정해 버리거나 불안의 원인을 대신 해결해 줌으로써 불안 요소를 없애버리려고 할 수 있다. 부모는 아이의 불안을 알아주고 이해해 주면서도 그 불안에 같이 흔들리지는 않는 든든한 지지자가 돼 아이가 스스로 불안을 마주하고 처리할 때까지 곁에서 충분히 기다려줄 수 있어야 한다.

상황 1

아이 엄마, 내일 학교에서 발표할 걱정에 잠이 안 와요.

엄마 ① 발표는 떨 일이 아니니까 걱정 마.

② 걱정 그만하고 자. 엄마가 책 읽어줄까?

③ 정말 떨리겠다. ○○이는 친구들 앞에서 말하는 게 걱정돼? 준비

많이 했으니 잘할 거야. 엄마가 안아줄게.

①처럼 부모가 아이의 불안을 부정하고 문제를 축소하거나 과소평가하면 아이는 부모에게 자신의 불안한 마음을 이해받지 못했다고 느낀다. 또 ②처럼 감정을 전환하면 감정을 회피함으로써 불안을 직면해 적절히 다루고 소화할 기회를 놓치게 되며 아이 마음에는 소화되지 않은 불안이 남는다.

①, ② 같은 대화를 한 아이는 부모와의 상호작용을 통해 불안이라는 감정은 부정하거나 전환하는 방식으로 다룰 수 있다고 인식한다. 따라서 다음번에 혼자 불안한 감정을 처리해야 할 경우 이때 배운 대로 그 감정을 부정하거나 전환할 가능성이 높다.

반면 ③의 대화에서는 엄마가 아이의 문제 감정을 마주하고 탐색한 뒤 아이를 안심시켰다. 이런 식으로 부모가 불안한 감정을 다

뤄준 아이는 나중에 혼자서도 불안을 잘 소화할 수 있다.

상황 2

아이 엄마, 친구들이 놀리는데 어떻게 해야 할지 모르겠어요. 학교 가기 싫
어요.

엄마 ① 그런 일이 있었어? 엄마가 선생님한테 얘기해줄까?

② (학교 가기 싫다는 말에 불안한 마음이 들어 화를 내며) 그래도 학교는 가야
지. 친구 때문에 학교를 안 간다니 무슨 소리 하는 거니?

③ 친구들이 어떻게 놀렸어? ○○이가 속상했겠네. 학교는 친구들이
또 놀릴까 봐 가기 싫은 거야? 근데 친구들이 ○○이를 왜 놀리게
된 거야? ○○이는 친구들이 놀렸을 때 어떻게 했어?

①과 같은 대화는 '문제해결형'으로 아이 감정을 탐색하는 과정
이 없다. 이렇게 부모가 아이 문제를 대신 해결해주는 방식이 고착
되면 아이는 자신감 없이 의존적으로 클 수 있다.

아이가 왜 학교에 가기 싫어하는지, 친구들이 놀려서 어떤 기분
이 드는지 아이의 걱정과 불안에 관해 충분히 대화를 나누면서 탐
색해야 아이 감정을 더 깊이 이해할 수 있다.

또 이런 탐색 과정 자체에서 아이는 부모가 자신의 안녕에 관심
이 있으며 자신을 이해하기 위해 노력한다고 느낀다. 아이 스스로

해결할 수 있는 문제라면 부모에게 불안을 이해받고 용기를 얻어 아이가 직접 해결하는 것이 바람직하다.

②의 경우 아이의 불안이 전이돼 엄마가 불안의 2차 감정인 화를 표출했다. 2차 감정이란 마음속 근원적 감정이 파생돼 겉으로 표현된 형태를 말한다. 이렇게 엄마가 화를 내면 아이는 자신의 불안을 이해받지 못한 데다 위축되기까지 해서 다음번에는 엄마에게 혼날까 봐 불안해도 말하지 못하고 속으로 끙끙 앓을 가능성이 높다.

③의 엄마는 아이의 문제 감정을 마주하고 탐색해 들어간다. 아이의 속상함이나 자신의 불안에 동요되지 않고 상황을 바라보면서 대화를 통해 아이가 어떤 상황에서 놀림을 받았는지, 어떻게 반응했는지 같은 전후 사정을 살피고 맥락에서 이해해 보려고 한다.

부모가 먼저 아이 감정을 알아채 읽어주고, 메타인지로 상황을 관조적으로 바라보며, 문답을 통해 아이가 시야를 확장해 전체 안에서 다시 감정을 조망하도록 도와준 것이다.

이런 대화를 반복해 나누면 아이는 감정을 소화하는 과정과 인지적으로 유연하게 생각하는 방법을 둘 다 체험하게 되고 따로 훈련하지 않아도 회복탄력성을 기르게 된다.

적절한 제한과 훈육은
아이에게 안전한 느낌을 준다

부모가 "하지 마", "안 돼", "이제 그만" 같은 말로 아이를 제한하면 아이는 대부분 울거나 떼를 쓰면서 싫다는 반응을 보인다. 그러면 부모는 마음이 약해져 '내가 너무 심했나?', '아이 요구를 들어줄 걸 그랬나?', '아이가 나를 미워하면 어떡하지?' 등등 머릿속에 온갖 생각이 다 든다.

부모가 안 된다고 단호히 제한을 반복할 때 비록 아이가 눈앞에서는 강한 저항을 보인다 해도 아이 마음속 깊이 느껴지는 감정은 '안전감(sense of security)'이다. 많은 부모가 무조건적 사랑과 허용적 사랑을 혼동하는데 앞서 말한 것처럼 무조건적 사랑은 조건에 따라 아이에게 사랑을 주거나 거두지 않고 아이 존재 자체를 사랑하라는 뜻이지, 아무 제한 없이 무엇이든 다 허용해주는 사랑을 하라는 뜻이 아니다.

아이는 명료하고 일관된 제한이 없으면 불안해한다. 제한 없이 아이 마음대로 하게 놔두면 표면적으로는 아이가 좋아하는 것처럼 보일 수 있지만 사실 아이에게 무제한은 불확실성, 명확하지 않은 기준, 무관심이라고 여겨진다. 즉, 제한이 없는 양육은 일관성, 예측 가능성, 반응성과 대비된다. 여기까지가 명확한 선이라는 것을 분명하게 인식시켜주면 아이는 규칙을 숙지할 수 있으며 그 규칙을 지킬지 말지도 선택할 수 있다. 또 규칙을 지키거나 지키지 않았을 때 (대체로) 어떤 일이 생길지도 예상할 수 있다. '일정함', '분명함' 그리고 '예측 가능성'은 아이의 불안을 줄여주고 안정감을 높여주는 요소다. 다음 상황을 살펴보자.

상황 1

아이 엄마, 오늘 저녁에 늦게 들어와도 돼요?

① **엄마** 안 돼. 7시까지는 들어와서 같이 저녁 먹어.

　아이 아이참, 전 더 놀고 싶단 말이에요. 친구들은 다 8~9시까지 들어가도 된대요. 우리 집만 이래!

　엄마 그래도 7시까지는 들어와. 너무 늦게 다니지 말고.

② **엄마** 응, 그렇게 해. (짧은 대답 후 자기 할 일)

　(또는) 늦지 않게 알아서 들어와. 엄마는 피곤하니까 먼저 자고 있을게.

아이 네.

①과 ② 중 어떤 상황이 더 바람직할까? ①이다. 비록 아이가 더 놀고 싶은 마음에 섭섭함을 표현하긴 하지만 부모의 제한을 통해 부모가 자신에게 관심과 애정이 있음을 함께 느낀다.

또 부모가 7시라는 명료한 기준을 제시함으로써 아이는 7시쯤

이 부모가 제안하는 자신의 귀가 시간임을 인지한다. 여기에 순응하는 아이는 다음번에는 7시 전에 들어오는 게 좋겠다고 생각할 것이다. 의견이 강한 아이라면 다음에는 7시 반까지 들어오는 것으로 부모님을 설득해야겠다고 마음먹으며 7시를 기준으로 자신만의 요구 범위를 고려할 것이다.

부모가 ②처럼 아이가 하고 싶다는 대로 하게 두면 통제와 제한이 없어 좋아하는 것처럼 보이지만 사실 아이는 마음속으로 '우리 부모님은 내가 집에 들어오든 말든 신경 쓰지 않는구나', '내가 어떻게 되든 상관없다고 생각하는구나' 하며 부모가 자신에게 무관심하다고 느낄 수 있다. 아이에게 적정 수준의 훈육과 감독, 처벌, 간섭은 꼭 필요하며 이것이 부재한 양육은 방임이나 방치라 이 또한 부적절하다.

한편으로 '늦지 않게 알아서' 하라는 말을 들은 아이는 몇 시쯤 귀가하는 게 늦지 않은 것인지 가늠이 되지 않을 수 있다. 이렇게 기준이 모호한 상황에서 부모가 때때로 자기 기분에 따라 아이의 늦은 귀가를 트집 잡아 화풀이라도 하면 아이는 자기가 몇 시에 귀가하는지와 상관없이 오늘 집에 들어가면 무슨 일이 생길지 예측할 수 없어 이를 무섭게 느낀다.

훈육이 어려운 이유는 '부모와 아이 사이에 어릴 때부터 축적돼 온 든든한 유대감'과 '일상에서 함께 보낸 따뜻하고 즐거운 시간' 이

2가지가 반드시 전제돼야 훈육이 효과적일 수 있어서다.

유대감은 안정애착에서 느낄 수 있는 감정으로 현재 눈앞에 보이는 부모의 거절, 화, 통제가 비록 부정적으로 느껴질지라도 아이 마음속 깊은 곳에는 부모가 나를 사랑한다는 믿음이 깔려 있는 것이다. 유대감이 끈끈해야 일상적인 애착 손상을 쉽고 빠르게 회복할 수 있다. 또 평소에 하는 칭찬이나 애정 표현, 아이와 교감할 수 있는 놀이와 감정대화 시간은 훈육, 오해, 갈등, 차이로 마음이 상할 때 해독제가 돼준다.

이렇게 오랜 기간 쌓여온 안정애착과 평상시의 긍정적인 상호작용 없이 훈육과 감독, 처벌과 간섭만 가해질 때는 훈육이 문제가 될 수 있다. 부모와 아이 사이에 정서적 유대감이 없는 상태에서는 부모가 아이에게 아무리 옳은 얘기를 한다 해도 메시지가 받아들여지기 어려우며 훈육 과정에서 벌어진 감정의 골이 봉합되지 않고 깊어질 수 있기 때문이다.

부모─자녀 관계 문제를 호소하며 소아정신과를 방문하는 수많은 사례가 안정애착이 제대로 맺어지지 않은 상태에서 자녀가 당면한 현실적 요구(일찍 자고 일찍 일어나기, 지각하지 않기, 숙제하기, 공부하기)를 해결하기 위해 부모가 간섭과 감독, 제한 수준을 높이다 관계만 나빠지는 악순환에 빠지는 공통점을 보인다. 부모가 훈육에 관해 가진 오해를 다룬 다음 설명은 부모와 자녀 사이에 안정애착과 평상시 긍정적인 상호작용 시간이 갖춰진 상황을 전제로 한 것임을 유념하자.

훈육에 관한 오해

사랑과 단호함은 공존할 수 없다?

훈육은 엄격할 수도 있고 부드러울 수도 있으나 훈육할 때의 태도는 단호한 것이 좋다. 훈육 상황에서는 짧고 간결한 말로 요지만 분명히 반복하는 것이 더 효과적이다. 구구절절한 설명이나 이유를 대고 아이 감정을 읽어주며 쿠션어를 써서 말이 길고 복잡해지면 메시지의 선명성과 전달력이 약해진다. 사랑과 단호함은 함께 가기 어렵다고 생각하는 부모가 많지만 애정 표현과 따뜻한 상호작용을 하면서도 단호한 제한을 할 수 있다. 다음과 같은 훈육 상황에서 잘못된 예와 좋은 예를 참고해보자.

상황: 아이가 동생을 때렸을 때

① 잘못된 예

엄마 동생 때리면 안 돼. 화가 나도 다른 사람을 때리면 안 되는 거야.

아이 동생이 먼저 내 장난감을 만졌단 말이야.

엄마 동생이 장난감 만진 게 동생을 때릴 만큼 화가 날 일은 아니잖아?

아이 이 장난감은 내가 제일 아끼는 거니까 그렇지. 동생이 하지 말라고 해
도 계속하잖아!

엄마 너도 동생이 제일 아끼는 장난감 만지지 말라고 해도 매일 만지잖아?

아이 내가 언제 그랬어?

엄마 오늘도 아까 만졌으면서.

② 좋은 예

엄마 동생 때리면 안 돼. 화가 나도 다른 사람을 때리면 안 되는 거야.

아이 동생이 먼저 내 장난감을 만졌단 말이야.

엄마 그래도 동생 때리는 거 아니야.

아이 이 장난감은 내가 제일 아끼는 거니까 그렇지. 동생이 하지 말라고 해
도 계속하잖아!

엄마 화나는 거 알아. 그래도 때리면 안 돼.

아이 으앙! (울면서) 엄마는 맨날 나만 혼내! 동생 편만 들어준다고!

엄마 네가 속상한 거 엄마도 알아. 그래도 때리는 건 안 되는 거야.

아이가 동생을 때렸을 때 부모가 아이에게 훈육하고자 하는 메
시지는 '때리지 말라'는 것이다. 그런데 잘못된 예를 보면 대화의
초점이 아이가 동생 장난감을 만졌는지 안 만졌는지의 진위 여부

로 바뀌면서 정작 훈육 메시지는 흐려져 버렸다. 훈육을 할 때는 좋은 예에서처럼 아이 감정을 읽어주고 공감해 주면서도 훈육할 메시지는 간단하고 분명하게 반복해서 강조해 전달해야 한다.

처벌은 곧 폭력이다?

아이에게 폭력을 가하지 말라는 말이 처벌을 해선 안 된다는 뜻은 아니다. 처벌은 아이가 하면 안 되는 행동을 했을 때 돌아오는, 비록 아이에게 위해가 되진 않지만 불편함을 주는 자극을 의미한다. 처벌은 폭력과 동의어가 아니며 보상과 대비되는 개념이다.

아이가 좋은 일을 했을 때, 규칙과 약속을 잘 지켰을 때는 칭찬과 보상을 주는 긍정 강화가 아이 행동을 바꾸는 주된 방법이 되는 것이 좋다. 하지만 아이가 잘못을 해 꾸중을 듣거나 놀이 시간이나 자유 시간을 일부 뺏기거나 좀 더 귀찮고 번거로운 일을 해야 하는 등의 처벌을 받는 것은 현실적으로 인과응보라는 사회의 가장 기본 규칙을 배우는 데 필요하다.

벌은 벌을 주는 사람이나 받는 사람 모두에게 기분이 좋지 않은 일이지만 그래도 필요하다. 규칙을 어기거나 제한을 넘어도 아무일이 안 생긴다면 누가 그것을 지키겠는가? 도로의 최고속도를 시속 100킬로미터로 제한했지만 이를 어겨도 벌점을 받거나 벌금을 내지 않는다면 누가 지키겠는가?

다만 처벌과 체벌은 다르다는 점에 주의하자. 체벌은 물리적 폭력이다. 또 물리적 폭력은 아니라 할지라도 부모 감정에 따라 비합리적·비일관적으로 행해지고 아이에게 공포심을 조장하는 것도 일종의 정서적 폭력일 수 있다.

친구 같은 부모가 좋은 부모다?

친구 같은 부모는 없으며 동생 같은 형도 없다. 가정도 작은 사회기 때문에 기본적으로 권위와 위계질서라는 틀이 존재한다. 관계가 민주적이라는 말이 상하가 없다는 뜻은 아니다. 부모에게는 자녀와는 다른 역할과 권리, 책임이 있다. 가부장적 가족 구조를 탈피해야 한다는 것은 지나치게 경직되고 수직적인 구조를 지양해야 한다는 뜻이지, 가족 구성원 각각이 동등한 역할을 하고 동등한 권리를 지닌다는 뜻은 아니다.

예를 들어 부모는 아이에게 밥을 먹을 때 제자리에 앉아서 먹으라고 가르칠 권리와 의무가 있지만 아이는 부모에게 그렇게 할 권리와 의무가 없다. 물론 아이가 성장하면서 아이의 자율성과 권리는 점점 더 커지고 부모는 유연하게 그 범위를 확장해 줘야겠지만 그래도 변함없는 기본 원칙은 부모와 자식이 대등하지 않다는 것이다.

아이가 아주 어릴 때는 부모가 아이 대신 대부분의 결정을 내려

쥐야 하지만(밥 먹을 시간, 먹을 음식, 가지고 놀아도 되는 장난감) 유아기와 학동기 아동은 정해진 틀 안에서 자신만의 기호와 선택권을 갖는다(피자 먹을래, 짜장면 먹을래? 피아노 배울래, 바이올린 배울래?).

청소년기부터는 아이에게 취향, 기호, 친구를 포함한 선택에 더 많은 자유가 주어지고 사생활도 존중받는다. 용돈 액수, 수령 주기, 교통비와 식비 포함 여부나 주중과 주말의 외출 후 귀가 시간 같은 사안을 결정할 때는 부모와 청소년 자녀가 충분한 토론을 거쳐 서로를 설득하고 입장을 좁히는 '민주적 과정'을 거칠 수 있을 것이다. 또 부모가 무엇이 되고 무엇이 안 되는지, 왜 되고 왜 안 되는지 합리적으로 설명을 더해줄 수도 있다.

하지만 이렇게 민주적인 가정이라 해도 부모가 친구 같을 수는 없다. 위험 행동, 시간, 돈 등과 관련된 사안에서 핵심적인 부분은 부모가 제한해야 하고 아이는 이를 받아들여야 한다. 이는 아이가 부모와 협상하거나 다수결로 결정할 부분이 아니다.

과도한 제한은 아이의 창의력을 떨어뜨린다?

양육을 할 때 부모의 많은 제한이 아이의 상상력과 창의력 발달을 저해하진 않을까 걱정하는 부모도 있다. 하지만 창의력은 현실적 제약이 있을 때 더욱 빛난다.

아이가 한계를 명확히 인지하되 거기에 갇히지 않고 이를 뛰어

넘을 수 있는 여러 가지 방향성을 찾아가는 과정에서 길러지는 것이 창의력이다. 결코 부모의 무한한 허용이 창의력을 길러주진 않는다. 아이가 단순하고 순진하게 '안 되는 것은 없다'고 믿기보다 '부모나 사회가 안 된다고 하는데 왜 안 되지? 만약 된다면 어떻게 될까? 되게 하는 방법이 있을까?' 하며 비판적으로 사고하고 이에 관해 부모와 열린 태도로 대화할 수 있을 때 진정한 창의적 사고 능력이 길러진다.

언제 받아주고 언제 끊을까?

가정에서 한계를 정하고 제한을 두는 것은 부모의 지도 아래 아이가 자기조절력을 배울 수 있는 좋은 기회가 된다. 감정은 욕구에서 나오며 욕구는 충족할 대상이다. 하지만 상황에 따라 욕구 충족을 지연하거나 타협할 수 있으며 때로 좌절될 수도 있다. 가정에서 한계를 설정하고 제한하면, 아이가 사회에 나가 혼자 이런 상황에 부딪히기 전에 부모의 도움을 받으며 자신의 감정과 욕구를 조절하는 방법을 연습할 수 있다. 이를 통해 아이는 하고 싶어도 할 수 없는 것, 참고 기다려야 하는 것, 하기 싫어도 해야 하는 것을 배운다.

예를 들어 아이는 게임을 계속하고 싶은데 엄마는 게임은 그만하고 숙제를 하라고 하는 상황이라고 해보자. 아이는 게임을 더 하고 싶다고 고집을 부리고 엄마는 안 된다고 으름장을 놓으면서 마찰이 빚어진다. 아이는 무작정 떼쓰다가 혼나기만 하든지(처벌), 일단 숙제를 빨리 하고 나중에 추가 게임 시간을 갖든지(욕구 지연과 보상), 마음은 1시간 더 하고 싶지만 이번 판만 끝내기 위해 10분만 더 하기로 할 수 있다(타협).

양육 과정에서 '하겠다'는 아이와 '하지 말라'는 부모 사이에서 벌어지는 셀 수 없는 실랑이는 아이가 자신의 욕구와 감정을 어떻게 조절할지 배우고 연습하는 과정이다. 이 과정을 충분히 거쳐야 부모와 연습한 감정과 욕구 조절 방법이 내재화돼 정서적으로 성숙한 어른이 된다.

부모는 영아기부터 청소년기까지 어느 정도는 늘 아이를 통제하지만 그 제한 내용과 범위는 아이가 성장함에 따라 변화해야 한다. 아이와 된다, 안 된다 씨름할 것과 씨름하지 않을 것을 명확하게 구분해야 하며, 씨름하기로 정했다면 부모가 꼭 이겨야 한다(단, 아이가 '반드시' 지켜야 하는 것은 3가지를 넘지 않는 편이 좋다. 꼭 지켜야 할 규칙이 너무 많으면 집이 엄격한 전제주의나 독재국가처럼 느껴질 것이다).

아이와의 통제권 씨름에서 마지막에 아이에게 공을 넘겨줘 버리면 그동안 애쓴 것이 모두 수포로 돌아간다(여기서도 80퍼센트 일관성 원칙에 따라 5번 중 4번 정도는 이겨야 한다는 뜻이지, 절대 져주지 말라는 뜻은 아니다). 뜨개질을 했는데 마지막에 매듭을 짓지 않으면 실이 다 풀어져 완성품 없이 헛수고로 끝나는 것과 비슷하다.

이런 반복을 겪다 보면 부모는 '애는 왜 이렇게 말을 안 듣지?' 싶어 답답하고 힘들다는 생각이 들기도 한다. 아이가 말을 안 듣는 이유는 무엇이 되고 안 되는지 확실히 알기 위해서다. 아이는 부모와 씨름하는 과정에서 배우기 때문에 '된다, 안 된다' 옥신각신하는 일의 반복 자체가 학습의 일부다. 아이가 한글이나 연산을 배우기 위해 같거나 비슷한 내용을 얼마나 많이 반복하는지 생각해보면 한계를 배우기 위해 실랑이를 수차례 해야 하는 것도 너무나 당연하게 여겨질 것이다.

그러므로 아이가 말을 안 듣는 것은 당연하며 오히려 너무 말을 잘 듣고 부모와 갈등이 없으면 뭔가 잘못되고 있는 것은 아닌지 의심해봐야 할 수도 있다. 동생이 태어나 상대적으로 밉보일까 봐 불안해 일부러 착하고 어른스럽게 행동하거나, 속을 썩이는 형제가 있어 대조적으로 지나치게 착하게 굴려고 노력하는 아이도 있다. 당장은 말을 잘 듣지만 나중에 결국 큰 탈이 나는 경우다.

부모가 아이를 제한할 때 '절대' 안 된다고 해야 할 가장 기본적인 원칙 3가지는 다음 정도다.

1. 아이가 다칠 수 있는 행동
2. 남을 다치게 할 수 있는 행동

3. 아이와 남에게 큰 피해를 끼칠 수 있는 행동(물건 부수

　　기, 말없이 남의 물건 가져오기, 거짓말 등)

이외에 부모가 남들 보기에 부끄러운 행동이라는 생각이 들어 아이 행동을 제한하고 싶은 경우는 그 마음이 단순히 아이와 부모의 생각, 취향, 세대 차이에서 비롯된 것은 아닌지 고민해볼 필요가 있다. 그런 제한은 절대로 안 된다기보다 '상대적으로 안 하는 게 좋지 않을까' 하는 의견이나 제안 정도로 충분할 수 있다.

아이의 발달 시기별 제한 요령

영아기

1세까지는 아이가 욕구와 감정을 조절하길 기대하기보다 부모가 아이 욕구에 응해줘야 한다. 이 시기 아이에게는 스스로 감정과 행동을 조절할 수 있는 능력이 거의 없다. 아이가 과하게 울고 보채며 잘 달래지지 않더라도 부모 말을 일부러 안 듣거나 부모를 화나게 하려는 의도는 없으므로 아이에게 짜증을 내는 것은 도움이 되지 않는다.

예를 들어 아이가 입에 위험하거나 더러운 물건을 집어넣고 빨

때, 높은 곳이나 안전하지 않은 곳으로 기어갈 때, 부모 머리카락을 잡아당기거나 얼굴을 때릴 때, 식탁에서 물건을 바닥으로 떨어뜨리거나 물을 쏟을 때 이런 행동에는 어떤 의도도 없고 아이에게 이를 조절할 수 있는 능력도 없다고 간주해야 한다.

이 시기 아이는 단순히 재밌거나 궁금해서 하는 행동이 대부분이다. 따라서 조절 능력을 가르치려 하기보다 문제 행동의 가능성을 원천적으로 봉쇄하는 것이 낫다. 리모컨이나 동전 같은 더럽거나 위험한 물건은 빨지 못하도록 높은 곳으로 치우고 부엌이나 베란다에는 울타리를 쳐 아이의 접근을 막는다. 만약 아이가 식탁에서 물을 쏟고 실험하는 것이 화가 난다면 물컵을 뚜껑이 있는 빨대컵으로 바꿔 엎거나 쏟지 못하도록 막아서 화가 날 빌미를 만들지 않는다.

유아기

이 시기에는 부모의 제한과 아이의 욕구 조절 연습이 본격적으로 시작된다. 아이는 끊임없이 한계를 탐색하고 시험해 보는데 이런 행동은 주로 어이없는 떼쓰기 형태로 나타난다. 영아기와 달리 아이가 해도 되는 행동과 하면 안 되는 행동의 한계를 시험하는 것은 다분히 '의도적'이지만(예를 들어 눈으로는 엄마나 아빠의 반응을 보면서 손에 있는 물건을 바닥에 한번 떨어뜨려본다) 한계를 알기 위한 과정일 뿐 부모를 화나게 하려는 행동은 아니므로 이런 상황이 반복되더라도 화낼 필요는 없다. 쉽지 않겠지만 아이와의 감정싸움은 최소화하고 아이를 제한하는 데 집중해야 한다.

2~3세 아이라면 특정 음식을 먹고 싶다/안 먹겠다고 고집한다. 특정 옷을 입겠다/안 입겠다, 특정 장난감을 꼭 가지고 외출하겠다, 혼자 할 수 없는 일을 혼자 하겠다(이 닦기, 밥 먹기, 컵에 물 먹기, 계단 내려가기, 설거지하기, 청소하기 등), 더 놀다가 자겠다며 고집을 부릴 수도 있다. 이런 행동을 제한할지 말지 결정할 때 핵심적인 질문은 앞서 말한 바와 같이 '위험한가? 아이 자신이나 타인에게 해를 끼칠 수 있는가?'다.

예를 들어 오늘 하루 정도 이를 닦지 않는 것(특히 아프거나 피곤할 경우)은 아이에게 해를 끼칠 가능성이 낮다. 하지만 일주일에 2~3번 이상 상습적으로 이를 닦지 않으면 충치가 생길 가능성이 높으므로 후자의 경우는 제한을 해야 한다.

외투를 안 입겠다고 고집한다면 아이가 추위에 노출돼 병이 날 수 있는지 생각해본다. 꼭 입혀야겠다는 결론이 나면 부모가 아이 대신 외투를 챙기거나 실랑이 후 강제로 입힐 수도 있다.

특정 음식을 안 먹겠다는 것도 아이 건강에 위협이 되는지 고민한 뒤 제한 여부를 결정할 수 있다. 모든 고기를 거부한다면 철분이나 단백질 부족으로 성장에 문제가 될 수 있으므로 어떻게든 먹일 방법을 고안해야 하지만 밥은 잘 안 먹는데 감자를 먹는다든지, 편식이 거의 없지만 버섯이나 오이만 먹지 않는다든지, 대체 음식이 충분해 그 음식을 먹지 않아도 영양 섭취에 영향이 거의 없을 것 같으면 굳이 아이와 실랑이할 필요 없이 아이가 조금 더 커서 미각이 약간 둔해질 때까지 기다리면 된다.

4~6세 아이는 놀이터에서 더 놀다 가고 싶다, 집에 가지 않겠다, (부모가 보기에) 엉뚱한 때와 장소에 공주 옷을 입고 가겠다, 맑은 날 무거운 장화를 신고 유치원에 가고 싶다, 등원 준비하기/숙제하기/밥 먹기/일찍 자기 싫다고 떼를 쓸 수 있다. 이때도 마찬가지로 아이 요구를 들어줄지 말지 고민되면 마음속으로 '위험한가? 아이 자신이나 타인에게 해를 끼칠 수 있는가?' 질문해본다.

만약 놀이터에서 더 놀다 갈 경우 아이가 저녁밥 먹는 시간과 자는 시간이 너무 늦어질 것 같다면 놀이를 제한해야 한다. 반대로 아이의 생리적 리듬이 크게 깨지지 않는다면 더 놀아도 될 것이다.

아이가 공주 옷을 입고 나가고 싶다고 할 때도 단순히 부모가 부끄럽다고 느끼는 경우는 아닌지 생각해본다. 부모의 창피한 감정 때문에 아이의 선택을 굳이 제한할 필요는 없다.

예를 들어 마트를 같이 가는데 엄마가 아이의 요란한 공주 옷이 조금 부끄러운 거라면 입혀도 된다. 하지만 유치원에서 체육 활동이 있어 활동복을 입고 오라고 한 날 아이가 공주 옷을 입겠다고 하면 그날은 공주 옷을 제한하고 활동복을 입혀야 한다. 아이가 사회에서 정한 코드를 지켜야만 하는 상황이라면 아이와 실랑이를 해서라도 제한을 해야 하는 것이다.

아이가 숙제를 하기 싫다고 말하는 경우에는 그렇게 말하는 빈도를 지켜보고 빈도가 잦다면 상황을 파악한다. 숙제가 아이 능력에 비해 너무 많거나 어렵진 않은지, 하루 중 가장 배고프고 피곤할 때(예를 들면 유치원에서 하원하고 태권도학원에 다녀온 후 저녁 먹기 전) 숙제를 하진 않는지 따져본다.

이런 경우 아이가 한계를 시험하기 위해 엄마와 씨름하는 것이 아니라 현실적으로 어려움을 겪고 있을 수도 있다. 따라서 숙제를 줄이거나 난도를 낮추거나 아이가 덜 피곤할 때 숙제를 하도록 배려할 수 있다. 그게 아니라 그냥 하기 싫어하는 거라면 80퍼센트 일관성 원칙을 적용한다. 10번 중 8번 정도는 꼭 하도록 씨름하고 2번 정도 예외(많이 피곤하거나 늦게 귀가한 날)는 봐준다.

학령기~청소년기

학령기와 청소년기 아이를 제한할 때 합리적인 설명과 충분한 설득이 필요하다. 또 아이 취향, 생각과 논리가 부모와 다르더라도 존중해줘야 한다.

다만 앞서 말했듯 아이 자신이나 타인의 안전에 관한 사안은 합리적 설명이나 토론 대상이 아니다. '자전거 탈 때 헬멧 쓰기'나 '차 탈 때 안전벨트하기' 같은 행동을 두고 그게 왜 필요한지, 왜 해야 하는지 지리멸렬하게 토론과 설명을 하고 설득할 필요는 없다. "이건 위험하니까 해야 하는 거야. 해! 안 하면 안 돼"라고 짧고 간명하게 합리적 이유를 댄다. 만약 말로 설득되지 않으면 부모가 대신 헬멧을 씌워버리거나 안전벨트를 채워버리는 '행동'으로 실행할 수도 있다.

또 과한 간섭과 잔소리는 훈육 효과를 떨어뜨린다는 점을 명심해야 한다. 특히 청소년은 평소 부모가 자잘한 세부 사항까지 잔소리를 하면 나중에 중요한 이야기를 하더라도 귀를 틀어막고 듣지 않으려 할 수 있다. 말의 힘이 약해지는 것이다. 따라서 부모는 우선순위를 정해 한 번에 3~5개 정도만 꼭 지키도록 강조하고 나머지 거슬리는 부분은 눈을 질끈 감고 참는 것이 낫다.

청소년기에는 짧은 치마나 화장, 운동화, 특정 브랜드의 외투와 가방처럼 외모 치장 관련해 실랑이가 생길 수 있다. 이때 부모는 무조건 된다, 안 된다 결론짓기보다 아이 주장이 위험하거나 해가 되는지, 합리적 가격인지, 단순히 나와 취향이 다를 뿐인지 고민해보고 통제 수준을 정한다.

정리정돈하지 않고 씻지 않는 문제, 늦게 일어나서 학교나 학원에 지각하는 문제, 시간 관리 문제로 싸우고 있다면 부모 기준이 아이 기준보다 엄격하진 않은지 고민해볼 수 있다. 또 큰일이 일어나는 게 아니라면 부모가 무조건 막아주려 하지 말고 문제가 일어나게 둔 다음 아이가 그 행위 결과를 책임지게 하는 것도 어느 정도 필요하다.

화풀이로 아이를 처벌하지 마라

부모가 아이에게 하는 보복과 화풀이는 기본적으로 부모의 자기조절력 상실을 의미하며 아이에게 안전하지 않다는 느낌을 준다. 게다가 이런 행동이 반복되면 아이가 부모의 그런 충동적 행동을 보고 배워 나중에 따라 할 가능성이 높다.

육아를 하다 보면 부모도 당연히 화가 날 수 있다. 보복이라는 단어가 적나라하고 강렬하게 느껴질지 모르지만 실제 육아 현장에서 아이에게 화가 나 보복하고 싶은 감정을 느껴보지 않은 사람은 없을 것이다.

여기서 보복이란 상대 행동에 화가 나 똑같이 화를 낸다는 뜻이다. 새벽에 우는 아이를 혼자 안고 달래다가 힘들고 화가 나 약간 더 세게 흔든다든지, 정성스레 차린 음식에 아이가 손도 대지 않고 얄밉게 밥투정을 하면 화가 치밀어 "그럴 거면 먹지 마!"라고 하면서 그릇을 치워버린다든지, 비싼 학원비에 다른 소비를 줄이고 허리띠를 졸라매고 있는데 정작 아이는 학원 가기 싫다고 짜증을 내면 "가지 마. 다 끊어!"라며 화가 나서 협박하는 것도 보복의 일종이다.

부모도 사람이라 아이에게 화가 치밀고 보복하고 싶은 '마음'이 들 수 있다. 그 마음은 절대 이상한 것이 아니다. 하지만 원칙적으로 아이에게 화가 많이 난다 해도 부모가 '보복 행동'을 해선 안 된다는 사실을 알고 있어야 하고, 적어도 그러지 않으려고 노력해야한다.

처벌과 보복의 차이점

보복 행동보다 더 나쁜 것은 보복을 처벌로 위장해 정당화하고 자기를 기만하는 행위다. 처벌은 아이 행동을 기준으로 일관되게 가해진다. 아이가 거짓말을 할 때마다 혼이 난다든지, 동생을 때릴 때마다 벌을 선다든지 하는 식이다. 반면 보복은 부모의 기분과 감정을 실어 아이를 혼내는 것이다. 부모가 피곤하지 않을 때는 아이가 이유식으로 장난을 쳐도 "에이, 그러지 마"라면서 살짝 나무라고 말지만 피로하고 지쳤을 때는 같은 장난을 치는 아이에게 화가욱 올라와 "이렇게 장난만 칠 거면 먹지 마!"라고 소리 지르며 이유식을 홱 낚아채 버리는 것이다.

이런 보복은 부모의 감정적 반응이며 아이 행동에 비춰볼 때 비일관적이기 때문에 아이의 안전감을 훼손한다. 처벌과 화풀이를 구분할 때는 부모가 아이 행위의 의도와 결과에 따라 반응했는지 아니면 자기감정에 따라 행동했는지 곰곰이 살펴본다.

부모가 욱하는 이유

부모가 훈육과 화풀이를 구분하지 못하는 경우 중 하나는 화풀이마저도 훈육이라고 합리화하는 것이다. 이때 대부분의 부모는 '아이가 물을 쏟아서', '아이가 늑장을 부려서', '아이가 약속을 지키지 않아서'처럼 마치 아이가 부모를 화나게 할 원인을 제공했다고 생각한다. 하지만 마음속 깊이 살펴보면 부모가 이미 다른 일로 피곤하고 짜증이 나 있는 상태에서 아이의 작은 행동이 화를 촉발했을 가능성이 높다.

이럴 때는 내 행동이 훈육이라기보다는 화풀이였음을 의식하고 부끄럽더라도 스스로 솔직하게 실수를 인정하는 것이 중요하다. 실수 자체는 나쁘지 않지만, 실수했을 때 가장 나쁜 반응은 실수를 인정하지 않고 반복하는 것이다. 우리는 완벽한 부모가 아니므로 실수할 수 있으며 더 나은 부모가 되려고 노력하는 것만으로도 훌륭하다. 이렇게 하는 데는 마음챙김, 성찰과 관조의 자세가 도움이 된다.

만약 낮에 아이를 혼내고 나서 내내 찜찜한 기분이 든다면 그날 있었던 일을 복기해보는 것이 좋다. 아이의 행동 교정을 위한 처벌이었는지, 내 화풀이였는지 깊이 들여다보지 않으면 애매한 경우도 많다.

낮에 있었던 일이 내 화풀이였고 아이 행동에 비해 지나쳤다는 생각이 들면 아이에게 미안해지고 '나는 나쁜 엄마야' 하는 죄책감으로 이어질 가능성이 높다. 이럴 때는 미안한 마음이 드는 순간 의식적으로 생각을 잠시 멈추고 '나는 나쁜 엄마'라는 결론으로 넘어가려는 부정적 사고의 흐름을 중단하는 것이 중요하다. 아이에게 미안한 마음이 들었다면 다음에는 그러지 않도록 노력해 행동을 바꾸는 것이 중요하지, 나를 '나쁜 엄마'로 정의해 죄책감을 느끼는 것은 상황을 개선하는 데 도움이 되지 않기 때문이다.

내가 화풀이를 했다는 점이 인정되면 관심의 초점을 낮에 있었던 아이 행동에서 내 행동으로 돌려 나는 보통 어떤 상황에서 더화가 치밀고 참지 못하는지 탐색해볼 수 있다. 이를 '감정의 의식화'라고 한다. 그리고 일상생활에서 나를 관찰해 비슷한 패턴이 반복되는지 살펴본다. 아이가 내 말을 무시하는 것 같을 때, 내 정성과 노력을 당연하게 생각하고 몰라주는 것 같을 때, 일부러 내 말을 안 듣는다는 생각이 들 때, 같은 말을 반복해도 행동이 바뀌지 않는다는 무력감이 들 때, 너무 이기적인 것 같다는 생각이 들 때

등 화가 나는 구체적인 이유는 다양할 수 있다.

부모가 아이와 실랑이를 하다 욱하고 필요 이상으로 화가 나는 경우 어린 시절 원가족 부모와의 관계에서 받은 상처가 원인일 가능성이 높다. 자기 부모에게 상처받은, 마음의 가장 약한 부분을 눈앞에 있는 아이가 우발적으로 건드리면(아이는 부모 마음 어디쯤에 상처가 있는지 모르기 때문에 아무런 의도 없이 행동했을 뿐이다) 부모는 과민반응해 필요 이상으로 화를 내는 것이다. 이 잘못된 상호작용은 아이 마음속, 부모 자신이 상처받았던 바로 그 지점에 같은 모양의 상처를 만들어 상처가 대물림된다.

이 세상에 마음의 상처 하나 없는 부모는 없으며 아이에게 화내거나 실수한다고 나쁜 부모도 아니다. 다만 아이로 인해 상처가 자극돼 화가 난다면 양육을 통해 부모가 자신의 상처를 발견해 변화하고 성장할 기회가 온 것이므로 이 기회를 놓치지 말아야 한다.

양육은 피아노 연주나 골프 스윙처럼 배우고 연습하면 나아지는 기술이라 잘못된 부분을 찾고 거기에 더 집중해 연습하면 실력이 쑥쑥 는다. 자녀라는 선생님이 양육 레슨에서 우리가 개선할 부분을 족집게처럼 콕콕 짚어주는데 지적이 기분 나쁘다고 화만 낼 일인가? 진짜 나쁜 부모는 상처가 많은 부모가 아니라 자신의 잘못된 부분을 알려 하지 않고, 알아도 고치려 하지 않는 게으른 부모다.

참고로 내 상처 탓에 특정한 영역에서 과도하게 화를 내는 게 아니라, 이전에는 괜찮았던 부분이 다 거슬리고 짜증 나거나 아이를 키우는 데서 느끼는 즐거움이 사라지고, 아이의 작은 실수에도 불같이 화가 난다면 육아 우울증을 의심해볼 수 있다. 마음의 상처로 인해 화가 날 때는 꼭 발작 버튼을 누른 것처럼 특정 주제나 행동에 반응하지만, 우울증으로 인해 화가 날 때는 전반적으로 예민해지고 많은 것이 부정적으로 느껴진다.

아이에게 화풀이를 해버렸을 때

아이와의 관계에 균열이 생겼을 때는 부모가 먼저 다가가 복구를 시도하는 것이 좋다. 아이와 갈등한 후 어색하고 민망해 "밥 먹어라", "학교 안 가니?"라는 식으로 말을 걸며 어물쩍 넘어가려 하지 말고 아이에게 다가가 자신이 그런 행동을 한 맥락을 솔직하게 설명하고 사과할 것은 사과한다.

부모가 용기 내 실수를 인정하고 개선하려는 모습을 보여줄 때 아이도 그 모습을 보고 따라 할 수 있다. 누구나 실수는 할 수 있다. 중요한 것은 실수 후에 어떤 태도를 보이며, 어떻게 해결하느냐다.

Chapter 6

마음속 안전기지가
감정조절력을 만든다

안아주는 부모란?

　지금까지 아이가 기본적으로 세상이 믿을 수 있고 안전한 곳이라고 느끼게 하는 법을 알아봤다. 이어지는 내용에서 아이 스스로 회복하고 치유할 수 있는 능력, 구체적으로 말해 '자기 이완 능력'과 '감정조절력'을 키워주는 법을 살펴보려고 한다.

　부모에게 양육되는 기간 동안 아이가 부모를 통해 따뜻함, 수용, 지지, 칭찬, 격려, 위로 같은 정서적 지지를 경험하면 이는 '안아주는 부모'의 이미지로 내재화된다. 종교에서 따뜻한 표정으로 두 팔을 벌려 안아주려는 듯한 모습을 하고 있는 마리아상이나 온화한 미소를 짓고 있는 관세음보살상도 이런 이미지를 형태화한 예다. 안아주는 부모 이미지는 아이가 성인이 돼서도 스스로 안정하고 평온한 행동으로 돌아올 수 있는 마음속 장치가 돼준다. 이는 평생 지속되는 중요한 심리적 자원으로 부모와의 따뜻했던 추억이나 그와 연관된 이미지를 떠올리면 마음이 편안해지고 긴장감

171

이 낮아진다. 또 힘든 일이 닥쳤을 때 희망과 용기를 잃지 않게 해주며 넘어져도 다시 일어설 수 있는 원동력이 돼준다.

그럼 아이가 안아주는 부모를 내재화하도록 부모가 어떻게 아이를 지지하고 수용해줄 수 있는지 알아보자.

지지

부모에게서 받은 물질적·정신적 지지는 아이가 힘들 때 필요한 사람을 찾고 적절히 도움을 구하며 잘 챙겨 먹고 충분히 쉴 수 있는 능력의 바탕이 된다. 우리가 성인이 됐을 때 나를 어떻게 돌보는지는 어릴 때 어떻게 돌봄받았는지에 따라 결정되기 때문이다.

실패나 역경을 겪을 때 어느 정도까지는 스스로 문제를 해결해야 하지만 스스로 감당하기 힘든 수준의 어려움이라 판단될 때는 기꺼이 도움을 청할 수 있어야 한다. 도움을 청하는 법도 일종의 처세술로 어떤 사람을 믿을 수 있고 어떤 사람에게 어떤 도움을 받을 수 있으며 언제 어떤 방식으로 도움을 청할지 익히고 연습해야 하는 정교한 기술이다. 그리고 이 기술을 전수받는 과정은 안아주는 부모와의 상호작용에서 시작된다.

학교폭력 피해 사례 중에는 아이가 부모에게 친구들이 괴롭힌다고 말하지 않고 도움도 청하지 않아 뒤늦게 괴롭힘 사실이 발견되는 경우가 적지 않다. 아이에게 이유를 물어보면 '부모님에게 말하면 혼이 나거나 일이 커져 오히려 도움이 되지 않을 거라고 생각했다', '부모님을 걱정시키고 싶지 않았다', '스스로 해결할 수 있을 거라 생각했다'는 등의 대답을 한다.

아이가 이렇게 말하는 원인을 분석해보면 결국 아이와 부모의 애착 문제로 귀결된다. 아이가 부모를 신뢰해 어떤 경우에도 부모가 자기를 사랑하고 안전하게 지켜줄 것이라고 믿었다면 친구들의 괴롭힘이 일정 수준을 넘었을 때 부모를 믿고 기꺼이 도움을 청했을 것이며, 부모에게 말하는 것이 위험하거나 피해를 주는 행동이라고 생각하지도 않았을 것이다.

아이는 성인이 돼서 위기에 대처할 때도 어릴 적 부모와의 관계에서 쓴 패턴을 반복할 가능성이 높다. 부모를 믿고 적절하게 의지한 아이는 성인이 돼서도 감당할 수 없을 만큼 문제가 커지면 스스로 문제를 해결할 수 없다고 판단하고 주변(직장 상사, 선배, 기관, 이웃)에 도움을 청해 문제를 원만히 해결할 것이다. 반면 부모를 믿지 못하고 지지받지 못한 아이는 성인이 돼서도 혼자 끙끙 앓으며 문제를 키우고 해결하지 못할 수 있다.

또 부모 손을 떠나 내가 나를 돌봐야 하는 시간이 많아진 중·고 등학생 중에는 공부는 잘하는데 의외로 먹는 것을 잘 못 챙긴다든지 여가 시간에도 마음 편히 쉬지 못하는 등 자기관리는 잘 못하는 아이가 있다. 영·유아기에 돌봄과 지지를 받은 경험이 적으면 청소년기, 성인기가 됐을 때 이렇게 자신을 돌보는 일에 소홀해질 수 있다.

이런 아이는 폭식을 하거나 끼니를 건너뛰기 쉽다. 시험 기간이 끝난 후나 주말에도 불안을 내려놓지 못해 푹 쉬거나 재밌게 놀지 못한다. 단기적으로는 쉬지 않고 공부하기 때문에 공부하는 시간이 길어 열심히 하는 것처럼 보이지만, 장기적으로는 재충전을 하는 이완기 없이 과도한 긴장 상태로 지내기 때문에 언젠가는 번아웃될 가능성이 높다.

따라서 자기를 잘 돌보지 못하는 사람은 지속적인 성장을 도모하기 어렵다. 입시를 목표로 3~4년 쉬지 않고 달릴 수는 있어도 이후 사회적 성취를 이루기 위해 10~20년을 같은 방식으로 버틸 수는 없기 때문이다.

수용

수용은 아이가 부모 자신의 바람과 다른 행동을 해도 아이 맥락에서 이해하고 반응해주는 것이다. 예를 들어 외향적인 부모는 아이가 유치원에서 씩씩하게 발표도 잘하고 친구들과 활발하게 놀길 바라지만, 아이가 내향적이라면 소심하고 수줍어하는 성격이라 발표도 잘 못하고 친구에게 먼저 다가가기도 어려워할 수 있다. 부모 입장에서 이런 아이가 이해하기 어렵고 마음에 흡족하지 않

174

더라도 될 수 있으면 자기 기준이 아닌 아이 입장에서 느끼고 생각해 아이 마음과 행동을 이해하려는 태도를 보이는 것이 진정한 수용의 자세라 할 수 있다.

공개수업을 참관하러 갔는데 쭈뼛거리며 발표 한번 못하는 아이 모습을 봤다고 하자. 이때 '으이그, 왜 다른 또래 친구들은 다 하는데 우리 아이는 앞에 나와 말 한마디 못할까?' 하고 생각하는 대신 비교 대상을 또래 다른 아이가 아닌 과거 아이 행동으로 바꿔 아이 맥락에서 바라보려고 노력하는 것이 수용적 자세다. '할머니, 할아버지 앞에서도 쑥스러워하는 아이인데 저렇게 많은 사람 앞에서 발표하려면 얼마나 긴장될까?' 이해하고 인정하는 것이다.

사실 아이는 누구보다 발표를 잘하고 싶은 욕구와 의지가 있고 머릿속으로는 어떻게 해야 하는지 잘 알지만 용기가 나질 않아 행동하지 못할 뿐이다. 따라서 "선생님이 시키면 앞으로 나와서 발표해야지, 그렇게 우물쭈물하고 자리에 가만있으면 어떻게 해?"라고 아이도 이미 다 아는 사실을 반복하며 채근하기보다 "오늘 긴장 많이 됐지? 엄마가 지켜보고 있으니 발표를 더 잘하고 싶었을 텐데 많이 속상했겠다"라고 수용해주면 오히려 아이는 용기가 생긴다. 다만 용기의 싹이 트고 크게 자라려면 시간이 조금 걸리므로 수용의 효과가 행동 변화로 드러나기까지 반복과 인내가 필요하다.

아이가 비싼 돈을 주고 산 스웨터는 절대 입지 않으려고 하면서 부모 마음에는 탐탁지 않은 캐릭터 티셔츠만 입으려 하는 경우도 있다. 그러면 부모는 '웬만하면 좀 입지, 왜 저렇게 고집스럽게 굴까?' 하는 생각이 들면서 아이가 못마땅할 수도 있다. 하지만 결국에는 수용적 입장에서 '나도 안 맞는 신발을 신거나 따가운 터틀넥을 입으면 하루 종일 불편한데 아이는 피부가 예민하니까 더 불편하겠지? 내 욕심 부리지 말고 아이가 입고 싶어 하는 면 티셔츠를 입혀야겠다' 하고 생각할 수 있어야 한다.

이렇게 수용과 이해의 자세로 마음 읽어주기를 할 때 너무 완벽한 부모가 되려고 자신을 몰아붙일 필요는 없다. 설사 성인군자라 하더라도 자기 아이가 잘되길 바라는 욕심이 있는 부모라면 아이의 소심함과 미숙함에 화가 나고 속상한 마음이 불쑥불쑥 치밀어 오를 것이다.

다만 그런 마음이 든다 하더라도 바로 반응하지 말고 그 화가 왜 나는지, 내 입장에서는 당연히 화가 나지만 아이 입장에서는 어떤 생각과 감정이 들지 상상해보는 사려 깊음이 뒤따르는 것이 중요하다. 그리고 만약 이미 아이에게 화를 내고 채근해 버렸다면 나중에라도 자기성찰 과정을 거친 뒤 아이에게 너를 이해했고 수용했다는 메시지를 표현하는 것이 좋다.

아이의 발달 시기별 지지와 수용

영·유아기

이 시기 아이는 때때마다 잘 먹고 잘 자고 잘 놀게 하는 것이 가장 중요하다. 아이가 힘들고 피곤하고 아플 때는 주 양육자가 접근 가능한 곳에 있으면서 아이에게 반응해줘야 한다. 아이가 화가 나거나 슬프거나 무서워 주 양육자를 찾거나 다가가면 주 양육자는 아이 곁으로 가 안아주고 달래준다. 이런 상호작용을 반복하며 생긴 믿음이 아이가 어른이 돼서도 자기 마음을 스스로 달래고 타인에게 적절히 도움을 구할 수 있는 능력의 토대가 된다.

아이가 울고 떼쓰고 성질부릴 때는 길게 설교하듯 말하거나 왜 그러느냐고 따지거나 혼자 내버려두거나 같이 소리 지르며 화내지 말아야 한다. 이 연령대 아기는 스스로 자기감정을 가라앉히지 못하기 때문에 옆에 있는 부모의 차분함을 '흡수'하는 방식으로 감정을 조절할 수 있다.

만약 부모가 아이 옆에서 같이 흥분하면 아이는 그 감정을 흡수해 더 흥분하는 경향을 보인다. 부모가 되도록 자기감정을 잘 다스리면서 아이 옆에서 차분하게 기다리면 아이는 안정을 되찾는다. 따라서 불안하거나 화가 나거나 아프고 힘든 아이의 감정을 전달받았다면 거기에 동화되지 말고 심호흡을 한 다음 '내 차분함과 침

착함이 아이에게 흡수되게 해야지' 하는 상상을 하면서 내 안에 먼저 차분함을 만들고 이를 아이에게 돌려주는 식으로 반응해주면 된다.

아프거나 힘들거나 짜증이 나서 우는 아이 옆에서 차분하기가 말처럼 쉽지 않다는 것은 잘 안다. 하지만 방법은 이것뿐이다. 첫아이를 키울 때는 달래도 울음을 그치지 않는 아이 옆에서 부모가 어쩔 줄 몰라 흥분하면 아이가 더 크게 울지만, 둘째를 키울 때는 아이 울음을 다루는 데 익숙해진 부모가 담담하게 반응해 아이가 금방 진정하는 것도 이와 같은 원리다.

학령기~청소년기

부모가 과잉기대와 완벽주의로 지나치게 높은 기준을 두고 아이를 평가하면 칭찬에 인색해진다. 아이는 이런 부모가 엄격하고 가혹하다고 느낄 수 있다. 아이에게는 작은 성공이 될 수 있는 경험인데도 부모가 높은 기대치 탓에 '그 정도는 당연히 해야지' 하고 밋밋한 반응을 보이면 아이는 이를 무의미나 실패로 여길 수 있다.

사실 어떤 사건에 대한 정의는 임의적이라 사람에 따라 성공으로 볼 수도, 실패로 볼 수도 있다. 예를 들어 수학 시험에서 한 문제를 틀리면 성공일까, 실패일까? 100점을 기대했다면 실패라고 느끼겠지만, 문제를 시간 안에 다 풀기만을 기대했다면 대성공일 것이다.

만약 부모에게 "다 맞을 수 있는데 왜 1개 틀렸니? 아깝구나", "실수로 틀린 것도 틀린 거야" 같은 말을 들으면 아이는 성공도 실패로 느끼고 자신감을 잃어간다. 이런 과잉기대는 비단 성적과 성취뿐 아니라 아래와 같은 도덕적 완전무결성이나 예의와 태도, 감정조절에도 해당된다.

'**절대로**' 거짓말하지/남에게 피해주지/약속을 어기지 마라.
숙제는 무슨 일이 있어도 '**반드시**' 해야 한다.
'**절대로**' 화내지/무서워하지/울지 마.
남은 '**꼭**' 배려해야/이겨야 해.

아이가 하길 바라는 행동이나 가르치고 싶은 태도가 있다면 과잉기대나 완벽주의로 강요하지 말아야 한다. 그보다는 아이 '마음'은 인정하고 이해하며 수용해주되 '행동'은 제한하거나 대안을 제시하는 것이 더 효과적이다.

앞에서도 말했듯이 자기를 해치거나 남을 해치거나 남에게 큰 피해를 주는 3가지 원칙을 제외하면 '절대' 하지 말아야 하는 행동

수용(마음 인정/이해)	행동 제한
엄마한테 혼날까 봐 겁이 나서 거짓말을 했구나.	그래도 거짓말은 하면 안 돼.
네가 먼저 먹고 싶은 것 다 알아.	그래도 다른 사람들이 올 때까지 조금 더 기다리자.
엄마가 지금 당장 안 사주니 화날 수 있지.	그래도 생일까지는 기다려야 해.
(물을 따르려다 다 쏟은 아이에게) 물을 네가 스스로 따라보고 싶었구나.	이렇게 다 쏟을 수 있으니까 다음엔 엄마에게 말해줘.

[표 4] 수용과 행동 제한의 예

은 거의 없다. '꼭', '반드시' 해야 하는 행동도 마찬가지로 매우 드물다. 다시 강조하지만 부모의 지나친 기대는 아이의 자신감을 떨어뜨리며 아이가 부모 기대에 도달할 수 없는 자기 자신을 부정하거나 혐오하게 할 수 있다.

성장 과정에서 아이가 불완전함을 보이거나 실수와 실패를 하더라도 부모가 이를 긍정하고 지지해주면 안아주는 부모가 아이 마음에 내재화된다. 그러면 아이가 성인이 돼 실수나 실패를 하더라도 스스로 자기 마음을 돌볼 수 있고, 주변 적절한 대상에게 편하고 자연스럽게 위로를 구할 수도 있다.

여기서도 마찬가지지만 아이를 지지하고 수용하라는 말이 아이가 잘못되고 비뚤어진 행동을 해도 무조건 오냐오냐 하라는 뜻은 아니다. 사소한 행동이라도 그것이 좋은 행동이라면 칭찬을 후하게 해주고, 부족한 결과라도 기꺼이 이해하고 지지하라는 뜻이다. 부모가 이렇게 할 때 아이에게 자신을 긍정하고 용기 내 노력할 수 있는 힘이 생긴다.

칭찬을 할 때는 '했다/하지 않았다'는 행위 결과보다 '하려고 했다'는 아이의 노력, 과정, 의도에 초점을 맞춰야 한다. 칭찬거리는 기대치를 낮추면 얼마든지 만들어낼 수 있다. 정작 속으로는 그렇게 생각하지 않으면서 겉으로만 좋은 말을 하라는 것이 아니라 진심으로 아이가 잘했다고 생각하라는 뜻이다.

"시험 성적이 떨어져서 속상하지? 엄마는 네가 이번에 열심히 공부했다는 거 다 알아." (열심히 하려는 노력에 대한 칭찬)

"아침 일찍 학교 갔다가 밤늦게까지 학원에서 공부하고 늘 잠이 부족해 힘들지? 아빠는 하루하루 최선을 다하는 네가 기특하다." (성실하게 학교생활을 하는 것에 대한 칭찬)

"열심히 하려고 해도 잘 안 되지? 엄마도 네 마음 다 알아. 공부해야 하는 걸 아는데 너무 하기 싫은 거. 피곤하고 힘들 텐데 문제집을 푼 것만 해도 대견하다." (숙제

를 일부 한 것에 대한 칭찬)

　사실 대부분의 부모는 위와 같은 칭찬이 정답임을 알고 있으면서도 마음속으로는 이런 말을 외치고 있을 것이다.

　'나 어릴 때는 이렇게 문제집 사주고 학원 보내주는 사람도 없었어! 너는 고마운 줄 알아.'
　'나는 버스 타고 학교 다녔어. 너는 이렇게 아침마다 데려다주는데도 늦잠이나 자고 힘들다고 하니 기가 막히다.'
　'어제도 놀았으면서 오늘 그것도 다 못하면 어떡하니?'

　아이를 사랑해서 아이가 잘됐으면 좋겠는데 현재 상황이 답답하고 속상한 부모 마음은 십분 이해가 간다. 하지만 여기서 우리의 목적은 아이의 행동을 변화시키는 것이고 이 목적을 달성하는 데 위와 같은 말은 실질적인 도움이 되지 않는다.
　일반적으로 부모는 아이가 하려 했으나 안 했을 때, 마음만 있고 행동하지 않았을 때 아이를 질책하게 된다. 화가 나서 아이를 꾸짖고 싶더라도 목까지 올라오는 말을 꾹 누르고 아이가 '하려고 했다'는 데 초점을 맞춰 칭찬해보자.

만약 이번에 아이를 칭찬할 기회를 놓치고 꾸짖어 후회가 된다면 마음처럼 하지 못하는 자기 자신을 비난하지 말고 다음 기회에 칭찬하면 된다고 후하게 생각하고 넘겨보자. 아이를 칭찬하기 전에 양육을 잘하려는 마음은 있지만 잘하지 못하는 나 자신부터 너그럽게 수용할 수 있어야 한다.

실수는 얼마든지 할 수 있다. 잘하려는 마음을 갖고 이번에는 못했어도 다음에 잘하면 된다. 아이의 노력을 칭찬하듯 나 자신의 노력도 칭찬해주자. 당신은 이미 꽤 괜찮은 부모다.

Chapter 7

아이의 감정소화력을
키워주려면

아이를 관찰하고 반응해주기

감정을 잘 소화하기 위해서는 먼저 자기감정을 스스로 잘 인식할 수 있어야 한다. 어린아이는 보통 자기감정과 상태를 자각하지 못한다. 부모가 아이의 감정과 상태를 대신 알아챈 후 말로 인식시켜주는 과정을 거쳐야 아이가 자기감정을 깨달을 수 있게 된다. 우리 얼굴에 뭔가 묻어 있어도 내 눈으로는 볼 수 없고 거울에 비춰봐야 알 수 있는 것과 같다. 부모는 아이의 감정 상태를 비춰주는 거울인 셈이다.

'마음 읽어주기'는 아이 감정 하나하나에 이름표를 붙이는 과정과 흡사하다. 어릴 때 우리 감정은 라벨이 없는 양념병과 같다. 마음속에 식초, 간장, 참기름 같은 이름 모를 액체가 담긴 병이 있는데 아이가 각각을 맛보고 "아이 짜!", "아이 셔!"라고 표현하면 부모가 "화를 내고 있구나", "슬퍼서 울고 있네"라고 언어로 반응하면서 감정마다 이름표를 붙여준다.

마음 읽어주기가 충분히 되지 않은 아이는 어른이 돼서도 자기와 타인의 감정을 세심하게 인지하지 못하며 익숙하지 않은 감정은 다루기 어려워한다. 반면 어린 시절부터 다양한 감정을 맛보고 경험한 아이는 정서적으로 풍부한 삶을 누릴 수 있다.

감정이 메마른 사람과 감수성이 예민한 사람은 같은 소설, 같은 영화를 봐도 느끼고 생각할 수 있는 폭이 다르다. 한 사람은 '재미있네/없네' 정도의 무미건조한 감상평을 내놓겠지만 다른 사람은 '이 부분에서는 가슴이 쓰리고 마음이 복잡했는데 저 부분에서는 경이로움과 카타르시스를 느꼈다'는 식으로 말할 수 있다. 소설 한 권, 영화 한 편을 보는 짧은 시간에 느끼는 감정의 다양성과 충만도의 차이도 이렇게 큰데 두 사람이 인생 전체에서 느끼는 감정의 양적·질적 차이는 얼마나 클지 상상이 되지 않는다.

마음 읽어주기는 아이 감정을 관찰하는 데서 시작된다. 아이 감정을 관찰할 때는 포괄성이 중요하다. 감정은 언어적 표현보다 비언어적 표현에 더 많이 실리기 때문이다. 특히 어린아이는 감정을 말로 잘 표현하지 못하므로 감정을 알아채는 데 시간과 노력이 든다. 따라서 전후 맥락과 비언어적 의사소통까지 주목해 아이가 표현하고자 하는 바를 살피면 많은 도움이 된다.

비언어적 표현은 얼굴 표정, 어조, 자세, 몸짓, 말과 행동의 리듬에 나타난다. 말로는 "좋아요"라고 하지만 얼굴은 시큰둥하다거나

"괜찮아요"라고 말하면서 다리는 불안한 듯 떨고 있다거나 "동생 귀엽지요"라고 무미건조한 톤으로 말하는 식이다. 어른은 언어적 소통에 익숙하기 때문에 이런 비언어적 맥락 관찰에는 소홀한 경향이 있는데, 아이 표정의 행간을 살피고 언제, 어디서, 누구에게 그러는지 비교해 감정을 추측해볼 수 있어야 한다.

청소년기 아이는 아동기보다 언어적 표현 능력은 훨씬 뛰어나지만 감정이 사적 영역이 돼 영·유아기 아동보다 더 미묘한 방식으로 감정을 드러내거나 아예 표현하지 않으려고 하므로 알아채기 까다로울 수 있다. 청소년기 아이에게는 먼저 아이가 좋아하는 아이돌이나 게임 등의 관심사에 의도적으로 흥미를 보이며 공감대를 형성한 다음 핵심 감정에 서서히 다가가면 좋다. 어른이 이런 관심사에 주의를 기울이는 모습은 아이를 적극적으로 이해하려는 태도로 비치기 때문에 마음을 여는 데 도움이 된다.

한편 감정에는 층위가 있다. 겉으로 드러나는 2차 감정과 본래 느낀 1차 감정이 그것이다. 우리는 겉으로 드러나는 2차 감정을 관찰하기 때문에 1차 감정은 상대에 대한 이해를 바탕으로 추측할 수밖에 없다. 양육에서 어려운 부분은 아이 감정을 읽어줄 때 눈앞에 드러나지 않는 1차 감정을 읽어줘야 한다는 점이다.

예를 들어 아이가 마구 짜증(2차 감정)을 내면 부모는 그 감정을 우울, 불안, 불편, 피곤, 분노, 좌절(1차 감정 후보) 중 하나로 추측해 읽어줄 수 있다. 부모가 이렇게 아이의 1차 감정을 추측해 잘 알아맞히고 이해해주면 아이 감정에 표식이 잘 붙어 아이가 자기감정을 능숙하게 인지할 수 있게 된다. 이런 아이는 나중에 막연히 짜증을 내지 않고 "질투 나요", "불안해요", "속상해요" 등의 언어로 자기감정을 직접적으로 표현할 수 있는 능력이 생긴다.

얼마 전 태어난 동생이 예쁘고 귀엽다고 말하면서 등원할 시간만 되면 부쩍 트집을 잡고 짜증을 많이 내는 아이를 생각해보자. 이 짜증의 밑바탕에는 질투와 불안이 1차 감정으로 깔려 있을 가능성이 높다. 의식적으로는 동생을 사랑한다고 말하지만 내밀한 곳에서는 동생에 대한 질투 그리고 부모와의 분리불안을 느끼는 것이다. 질투가 나면 그냥 질투가 난다고 말하면 되지 왜 짜증을 내느냐고 하는 사람도 있겠지만 3~4세 아이라도 체면이 있기 때문에 그런 감정을 부모에게 직접 말로 하지 못하고 등원할 때 짜증을 내며 간접적으로 표현하는 것이다.

아이는 사실 어린이집을 안 가고 싶은 것이 아니라 부모에게 속상한 마음을 이해받고 부모가 자신을 사랑한다는 사실을 확인받고 싶다. 그런데 부모가 아이에게 "너 도대체 왜 그러니?"라고 같이 짜증을 내면 아이 감정을 수용하지 않는 반응이 된다. "그럼 오늘 어린이집/유치원 가지 말고 집에 있자"라고 하면 표면적으로는 아이 요구를 들어줬지만 근원적인 이유는 해결되지 않았으므로 아이는 다른 이유를 들어 또 짜증을 낼 것이다. 따라서 먼저 겉으로 드러나는 짜증과 트집 아래 아이의 불안과 질투가 있음을 이해해주고 아이가 자기 전 "요즘 동생 때문에 많이 속상하지? 엄마(아빠)는 네가 힘든 거 다 알아. 그리고 걱정 마. 엄마는 우리 ○○이를 세상에서 가장 사랑해"라고 말하며 안아주는 것이 아이의 짜증과 등원 거부를 해결하는 데 훨씬 도움이 된다.

이것저것 하라고 챙겨주는 부모 말에 짜증을 내면서 간섭하지 말라고 하는 중학교 2학년 아이라면 이 짜증의 기저에는 자율성에 대한 욕구가 있을 가능성이 높다. 처음에는 사랑과 관심의 표현을 짜증으로 받아치는 아이에게 서운한 마음이 들겠지만, 다시 돌아보면 아이의 표현이 독립적인 사람으로 성장해 나가려는 힘에서 비롯됐음을 이해할 수 있다. 따라서 "너는 엄마(아빠)가 말만 하면 짜증 내더라. 그럼 이제 다 네가 알아서 해!"라고 같이 짜증을 내기보다 '이제 다 컸다고 저러는 거구나' 하면서 이해하고 시간이 좀 지난 후 "너 요즘에 엄마(아빠)가 챙겨주려고 하면 간섭하는 것처럼 느껴지나 보더라. 네가 그렇게 짜증 내면 엄마도 좀 서운한 마음이 들어"라고 부모의 감정을 표현할 수 있다.

또 마음 읽어주기를 할 때 중요한 부분은 부모도 말과 행동(제스처, 표정, 어조)이 일치해야 한다는 것이다. 육아 이론서에서 읽은 대로 울고 짜증 내는 아이에게 "속상한가 보구나", "슬퍼서 그러는구나" 같은 마음 읽어주기 문장을 적용해봐도 별 효과가 없었다면 언어와 비언어적 메시지가 일치하지 않은 경우일 것이다. 마음속으로는 '이제 좀 그만해' 하고 생각하면서 짜증 나는 표정과 딱딱한 말투로 영혼 없이 '속상한가 보구나' 하면 당연히 효과가 없다.

아이는 어른보다 비언어적 표현에 더 민감하기 때문에 부모의 속마음을 귀신같이 눈치챈다. 따라서 아이 마음을 알아줘야 하는 상황에서는 부모의 말보다 마인드 컨트롤이 중요하다.

사실 부모가 아무 말 하지 않아도 표정이나 태도가 아이를 이해하는 느낌이면 그 마음은 바로 전달된다. 필요하다면 아이와 상호작용 중인 내 얼굴 표정, 동작, 행동을 사진이나 동영상으로 살펴보는 것도 실질적인 도움이 된다. 궁극적으로는 아이 행동과 마음을 이해하려는 노력을 통한 진정한 '수용'이 중요하다.

TIP 부모의 마인드 컨트롤

1. 아이의 울음과 고집에 짜증이 난다는 사실을 의식하고 인정한다.

2. 짜증을 느끼면 반응을 멈춘다. 여기서 반응이란 미간을 찌푸리는 표정, 높은 목소리 톤, 공격적이거나 방어적인 몸짓 등이다.

3. 10부터 1까지 거꾸로 세고 심호흡을 하면서 여백을 만든다. 잠시 자리를 떠날 수 있다면 떠나도 좋다.

4. '아, 부모 역할 진짜 힘들구나. 울고 싶다' 하고 내 마음을 스스로 위로한다. '저 녀석은 왜 이리 말을 안 들어?' 하고 푸념을 해도 좋다.

부모도 화가 나면 아이에 대해 부정적인 생각을 할 수 있다.

5. 마음이 조금 가라앉으면 '애도 힘들겠지. 하고 싶은 게 많을 텐데 하지 말란 소리만 들으니까' 하고 아이에게 공감하는 생각을 해본다. 수용이 될 때까지 잠시 기다린다.

6. 마음의 준비를 하고 다시 아이에게 가서 마음 읽어주기를 한다.

7. 마인드 컨트롤이 잘되지 않아 이번에 아이에게 짜증을 내버렸더라도 다음에 잘하면 된다. 나에게 먼저 너그러운 마음을 가진다. 나도 너무 피곤하고 지치면 감정조절이 잘 안 될 수 있다.

내적 탐색 질문으로 감정대화하기

학령기와 청소년기는 비교적 말로 표현을 잘할 수 있는 시기기 때문에 부모는 비언어적 관찰뿐 아니라 내적 탐색을 위한 질문을 사용해 아이와 감정대화를 나눌 수도 있다. 쉽게 말해 아이가 내면을 탐색할 수 있도록 부모가 질문으로 아이 감정을 자극해 점화할 수 있다.

육하원칙 '누가, 언제, 어디서, 무엇을, 어떻게, 왜'를 활용한 질문은 사실 확인을 위한 외적 탐색으로 보통 기사나 보고서에 많이 쓴다. 다음 예시와 같이 대화가 아이에게 일어난 사실을 확인하는 외적 탐색으로 끝나면 아이 내면을 키우는 데는 한계가 있다. 하지만 아이와의 대화를 내적 탐색으로까지 확장하려면 절대적인 시간과 에너지가 꽤 소요되기 때문에 시간적·심리적 여유가 없는 가정에서는 주로 이렇게 외적 탐색을 하는 짧은 대화로 부모와 아이의 상호작용이 종결된다.

부모 오늘 학교는 어땠어?

아이 재밌었어요.

부모 뭐 했어?

아이 ○○이랑 보드게임했어요.

부모 그랬구나. 손 씻고 와서 사과 먹어라.

아이 경험에 대한 외적 탐색 후 아래 예시처럼 '어떤 일/대상에 대해 무슨 생각/어떤 마음/느낌이 들었니? 왜 그런 생각/마음/느낌이 들었을까?' 하고 내적 탐색을 위한 질문을 더하면 감정대화가 이뤄진다.

부모 오늘 학교 어땠어?

아이 힘들었어요.

부모 우리 아들이 힘들었구나. 왜 힘들었을까?

아이 ○○ 때문에 짜증 났어요.

부모 ○○이 왜?

아이 나랑 □□이 노는데 자꾸 끼려고 하잖아요.

부모 ○○이 같이 놀려고 하면 왜 짜증이 날까?

아이 나는 □□이랑 둘이서만 놀고 싶으니까요.

부모 왜 둘이서만 놀고 싶은 거야? 셋이 놀면 더 재밌을 수 있잖아?

아이 셋이 노는 것은 좋은데 ○○이랑은 놀기 싫다는 얘기예요. 걔는 자기
가 술래도 안 하려고 하고 좋은 거만 하려고 해요. 그래서 ○○이랑 놀
기 싫어요.

이 대화도 외적 탐색 대화처럼 아이가 오늘 학교에서 무엇을 했
고 누구와 놀았는지 확인한다. 하지만 거기서 멈추지 않고 한 발
더 나아가 아이가 힘들었다는 사실을 인지하고 힘들었다는 말이
무슨 의미인지, 짜증은 왜 났고 어떤 종류인지, ○○이는 왜 싫은
지 탐색하고 구체화한다.

여기서 조금 더 깊이 탐색한다면 아이가 ○○이를 오늘만 싫어
했는지 혹은 평소에도 싫어했는지, 다른 싫어하는 아이는 없는지,
이기적인 아이는 다 싫어하는지, 이기적인 게 왜 싫은지 물어 아이
의 가치관과 성향까지도 짐작해볼 수 있다.

기꺼이 관여하고 기다리기

아이의 감정소화력을 키우려면 부모가 아이의 부정적 감정에 기꺼이 관여해야 한다. 아래는 부모가 무의식적으로 아이의 부정적 감정에 관여하지 않으려고 하는 예다.

회피

"그만 울어. 너는 웃는 게 예뻐."

"남들 앞에서는 기분 나쁜 내색하지 마라."

부정

"화날 일이 아니잖아."

"어렵지 않잖아? 너는 할 수 있다고."

"동생을 이해해봐."

"친구 입장에서 생각하면 그럴 것 같지 않니?"

죄책감

"네가 그러면 엄마가 힘들어."

전환

"까까 줄게."

"이것 봐라, 재밌는 거 있네."

"장난감 사줄게."

"친구들이랑 놀자."

1~2세 정도의 아주 어린아이에게는 전환하기 방법도 괜찮지만 아이가 감정을 이해하고 스스로 처리할 수 있는 능력이 생기면 전환을 줄이고 감정을 직접 읽어주는 횟수를 늘려야 한다. 아이가 이가 나면 유동식에서 고체식으로 바꾸는 것처럼 아이의 감정 처리 능력도 신경계 발달과 함께 향상되기 때문에 나이에 따라 적합한 부모의 반응도 계속 달라져야 한다.

먼저 부모는 아이가 자기감정을 소화하는 데 드는 시간이 부모가 예상하는 것보다 더 오래 걸린다는 점을 명심해야 한다. 그렇게 마음먹어야 아이가 쉽게 달래지지 않고 계속 칭얼대도 충분히 기다려줄 수 있다.

특히 민감한 아이를 키우는 부모는 더 마음을 굳게 먹어야 한다. 같은 사건을 경험해도 아이마다 느끼는 주관적 감정 크기는 같지 않은데 앞서 설명했듯 민감한 아이는 부정적 감정을 다른 사람보다 더 강렬하게 느끼고 더 오래 간직하기 때문에 시간이 한참 지난 후에도 과거에 무서웠거나 화가 났던 얘기를 다시 꺼내 반추하기도 한다.

무엇보다 감정이 언어로 표현되기 이전 단계에서는 아이의 특정한 감정이 이유 없는 짜증으로 나타날 때가 많고 거부하거나 비협조적인 행동으로 드러날 수도 있다. 따라서 부모 입장에서는 아이의 이런 감정 표현이 빨리 해결해 버리고 싶은 '문제 행동'으로 여겨질 수 있다.

하지만 궁극적인 해결은 부모가 아이의 드러난 행동을 소거하는 것이 아니라 아이가 느낀 감정을 다 소화할 수 있도록 기꺼이 관여하고 분투하는 것이다. 부모는 아이가 힘든 감정을 느끼며 몸부림치는 동안 곁에 있어주고 그 감정을 충분히 소화할 때까지 재촉하지 않고 기다려줘야 한다(이해까지 해주면 더 좋겠지만 이해되지 않더라도 수용할 수 있다).

아이가 잠드는 법을 배우는 과정을 생각해보자. 생애 초기 아이는 어떻게 잠드는지 잘 모르기 때문에 졸리면서도 잠들지 못하고 짜증을 내며 재우려는 부모를 애먹인다. 그래도 부모는 아이를 안아주기도 하고 자장가도 불러주고 불도 끄고 목욕도 시키고 책도 읽어주며 온갖 방법을 동원해 아이를 재우려고 기꺼이 분투한다. 이렇게 부모와 아이가 매일매일 공동으로 노력하는 과정이 6~12개월 반복되면 아이는 서서히 스스로 이완하고 잠드는 법을 배운다.

아이가 부정적 감정을 처리하도록 도와주고 기다려주는 과정도 이와 마찬가지다. 옆에서 가만히 기다린다기보다 아이와 같이 고군분투하면서 아이가 잘할 수 있을 때까지 최선을 다하며 기다리는 것이다. 부모는 아이가 스스로 감정조절을 잘할 수 있기를 과잉기대하는 경향이 있는데 감정 추스르기는 잠들기보다 훨씬 더 복잡하고 어려운 기술이다. 기술을 익히기까지 당연히 오래 걸리며 많은 시행착오를 거듭해야 한다.

특히 어린아이는 소화하지 못한 기억을 불쑥 말하거나, 사과받고 마무리 지은 일도 화가 풀리지 않아 계속 얘기하거나, 아무리 겁내지 말라고 안심시켜도 계속 무섭다며 소란을 피울 수도 있다. 그래도 부모는 아이가 감정을 더 잘 소화할 수 있을 때까지 애쓰고 분투해야 하며 잘 안 된다고 포기하지 말아야 한다.

짧게는 18세, 길게는 20대 후반까지 부모가 노력하면 자녀는 충분히 변할 수 있다. 단지 익히는 시간이 부모의 기대보다 조금 오래 걸릴 뿐 안 되는 것이 아니다.

아이의
'인내와 끈기'를 기르는
인지적 자원 만들기

Chapter 8

인지적 유연함이
문제를 해결한다

소크라테스식 문답

어떤 생각에 고착돼 옴짝달싹할 수 없는 것과 비슷한 상태인 '인지적 융합'은 시쳇말로 '꽂혔다'에 빗대면 이해하기 쉽다. 한 생각에 꽂혀버리면 다른 관점이나 가능성을 고려할 수 없고 자기 생각에 갇혀 변화를 도모하기 힘들다. 마찬가지로 실패와 역경을 겪은 후 그 경험에 꽂혀버리면 이에 관한 기억이 심리적 트라우마로 남아 고착될 수도 있다. 실패와 역경을 트라우마가 아닌 기회와 도전으로 받아들일 수 있으려면 회복 과정에서 감정소화와 인지 전환이 함께 일어나야 한다. 여기서는 인지적 유연성의 바탕이 되는 두 요소 '생각을 넓히는 방법'과 '문제해결력'을 살펴보고자 한다.

소크라테스식 문답은 질문으로 아이의 논리를 넓혀주고 아이 스스로 오류를 발견하도록 도와주는 대화법이다. 고대 그리스의 소크라테스는 길거리와 시장을 돌아다니며 사람들과 얘기를 나눴는데 상대에게 자신이 아는 진리를 설파하는 것이 아니라 대화를 통해 상대가 스스로 잘못된 생각을 깨우치도록 유도했다. 소크라테스의 대화 상대 중에는 어린아이도 있었는데 소크라테스와 대화를 하면 어린아이조차 진리에 도달하는 데 오래 걸리지 않았다고 한다.

소크라테스식 문답은 산파법(midwifery)이라고도 불린다. 대화를 이끄는 사람이 마치 산모의 출산을 돕는 산파와 비슷한 역할을 한다는 뜻이다. 다시 말해 스승이 제자에게 진리를 가르치고 주입하는 것이 아니라 제자가 이미 자기 안에 잉태하고 있던 진리를 마치 출산하듯 스스로 깨칠 수 있도록 스승은 옆에서 도와주는 역할을 할 뿐이라는 것이다. 일상에서 아이가 부모와 대화할 때 소크라테스식 문답 패턴을 내재화하면 성인이 돼서도 그 패턴대로 사고할 수 있으며 논리적 오류를 최소화할 수 있다.

소크라테스식 문답에서는 아이가 질문에 답을 하는 수동적 역할만 맡지 않으며 선생님이나 부모에게 적극적으로 이의를 제기하고 질문을 할 수도 있다. 우리나라에서는 아이가 부모와 토론을 벌이거나 부모에게 묻고 따지면 시끄럽거나 버릇없다고 여기는 경향이 있다. 하지만 문답을 하면서 생각을 확장해 나가는 것이 서양만의 전통이라고 치부해버릴 순 없는 것이 공자의 《논어》만 봐도 공자와 제자들이 서슴없이 서로 묻고 답하며 자유롭게 토론하는 모습이 나오기 때문이다. 인공지능(AI)과 대화 형태로 상호작용하는 챗지피티(ChatGPT)를 사용할 때도 가장 중요한 점은 AI에게 어떤 질문을 어떻게 하느냐다. 미래에는 현재 같은 지식의 축적을 위한 학습 방법보다 문답을 통해 좋은 질문을 할 수 있는 능력을 키우는 방법이 더 중요해질 것이다.

일상에서 소크라테스식 문답 활용하기

소크라테스식 문답에서는 대화가 하나의 질문과 그에 대한 답으로 끝나는 것이 아니라, 답에 대한 질문을 다시 던지고 또 그에 답함으로써 질문과 답이 꼬리에 꼬리를 물고 이어진다. 한편으로는 집요하게 꼬치꼬치 캐묻고 따지는 듯한 느낌을 줄 수도 있지만 밀어붙이는 만큼 생각하는 능력이 자란다.

여기서 대화의 목표는 아이가 대화를 통해 스스로 '진실'을 깨닫게 하는 것이다. 그럼 소크라테스식 문답의 구체적인 과정을 살펴보고 일상에 적용해보자.

명료화

애매한 인상, 정의, 생각, 느낌을 명료하게 하는 작업이다. 아이가 "나는 친구들이 싫어요"라고 하면 부모는 "어떤 친구들이 싫은 거니? 반 친구 전체? 같은 무리의 자주 노는 친구? 최근에 장난을 거는 친구?" 이렇게 친구라는 단어를 명료화하는 질문을 던져볼 수 있다. 또 '싫다'는 게 무섭다는 건지, 성가시다는 건지, 같이 놀고 싶지 않다는 건지 확인해볼 수 있다.

가정에 대한 이의 제기

말로 표현하진 않았지만 머릿속으로 기정사실화하고 있는 전제에 이의를 제기하는 작업이다. 예를 들어 아이가 "엄마(아빠), 선생님께는 말하지 않는 게 나을 것 같아요"라고 말하면 이 생각의 암묵적 전제가 무엇인지 추측해 이를 확인하는 질문을 해볼 수 있다.

아이의 평소 생각이나 말투에서 암묵적 전제가 '아이들 일은 아이들끼리 해결해야 한다. 어른에게 말하면 고자질이다'로 추측되면 추측한 그대로 "아이들 일은 아이들끼리 해결하는 게 더 낫다고 생각하는 이유가 뭐니?"라고 질문할 수 있다. '선생님은 내 편이 아니다. 도움을 주시지 않을 거다'가 암묵적 전제라고 느껴지면 "선생님은 네 편이 아닐 거라고 생각하는 이유가 있을까?"라고 질문해본다.

다른 관점·문화 제안

경험이 한정돼 시야가 좁을 수밖에 없는 아이의 참조 체계를 보완하고 확장해주는 질문이다. 예를 들어 아이가 "요즘 애들은 다 ○○ 패딩을 입어요"라고 하면 부모는 "우리 동네는 ○○ 패딩이

유행이지만 서울에서는 □□이 가장 잘 팔린다고 하던데?"라는 식으로 공간을 확장하는 질문을 던져줄 수 있다.

결과 추론

질문을 통해 어떤 판단이나 결정이 미치는 영향과 파급을 상상해 봄으로써 아이의 사고와 시야를 확장할 수 있다. 만약 사춘기에 접어든 아이가 "팔에 타투를 하고 싶어요"라고 하면 부모는 타투가 아이에게 가져올 변화를 다각도에서 질문해볼 수 있다.

타투를 하면 현재와 미래에 주변 사람(어른, 친구)이 어떻게 볼지, 일상뿐 아니라 입시, 취업 면접 같은 공적 자리에서 어떤 영향을 줄지, 아이가 하고 싶어 하는 타투가 성인이 되고 노년이 됐을 때 어떻게 보일지, 미래의 자녀나 손주에게 보여도 무방한 문구나 도안인지, 타투 위치에 따라 어떤 영향이 있을지, 원하면 지울 수 있는지, 지울 때 감당해야 하는 비용과 리스크는 무엇인지 등을 질문해본다.

질문에 대한 질문

메타인지와 비슷한 개념으로 아이가 질문을 한 이유를 질문하는 것이다. 예를 들어 아이가 "영어는 왜 배우는 거야?"라고 물으면 부모는 "왜 그게 궁금해?"라고 질문에 대한 질문을 할 수 있다. 그럼 아이에게서 "영어 숙제가 너무 많은데 하기 싫어서", "매일매일 한국말을 쓰면서 사는데 왜 영어를 배우는지 궁금해서", "프랑스어, 중국어, 스페인어도 있는데 왜 하필 영어인지 궁금해서" 등의 여러 가지 답변이 나올 수 있다.

일상에 적용해보기

위의 예시가 종합적으로 활용된 일상 대화를 살펴보자.

아이 엄마, 친구들이 나를 싫어하는 것 같아요.

엄마 응? 친구들이 너를 싫어한다는 게 무슨 뜻이니? 좀 더 자세히 말해줄래? (명료화)

아이 오늘 학교에서 ◎◎이가 친구들을 자기 생일 파티에 초대했는데 저한테는 초대장을 안 줬어요.

엄마 아, ◎◎이가 너를 생일 파티에 초대하지 않아서 너를 싫어한다고 느꼈다는 거구나. (명료화된 생각) 맞아? (확인)

아이 네. (명료화 인정)

엄마 아이고, 우리 ○○가 생일 파티에 초대받지 못해서 속상했겠다. (공감) 그런데 ◎◎이 말고 다른 친구도 모두 너를 생일 파티에 초대하지 않았니? ('친구들이 나를 싫어한다'는 가정에 대한 이의 제기)

아이 아니요. 전에 □□이랑 △△이는 저를 초대했었어요. ☆☆이도 초대할 거라고 했고요.

엄마 그럼 '모든' 친구들이 너를 싫어하는 건 아니구나. ◎◎이는 왜 너를 초

대하지 않았을까? ◎◎이가 너를 싫어해서 그랬을까? ('생일파티에 초대

하지 않으면 나를 싫어하는 것이다'는 가정에 대한 이의 제기)

아이 제 생각에는 ◎◎이가 나를 안 좋아하니까 초대 안 한 것 같은데요.

엄마 ○○아, 그럼 작년 네 생일 파티를 떠올려보자. (다른 관점 제안) 너희 반

에 몇 명이 있었고 몇 명을 초대했지?

아이 20명 중에 8명을 초대했어요.

엄마 그럼 12명은 초대하지 않았네. 초대하지 못했을 수도 있고. 12명은 왜

초대하지 않았지?

아이 20명을 다 초대할 수는 없었으니까요.

엄마 만약 20명 모두 우리 집에 초대했다면 어떻게 됐을까? (결과 추론)

아이 파티가 너무 복잡하고 아마 엉망이 됐을 것 같아요. 우리 집에 오기에

20명은 너무 많아요.

엄마 맞아. ○○이는 12명의 친구도 초대하고 싶었지만 인원 제한이 있어

서 초대를 못했지? 그 친구들이 싫어서 초대하지 않은 게 아니라. 그

럼 ◎◎이는 정말로 너를 싫어해서 생일 파티에 초대하지 않은 걸까?

(이의 제기)

아이 그렇지 않을 수도 있네요. 생일 파티에 초대받지 못해 섭섭하긴 한데

내가 싫어서 초대 안 한 건 아닐 수도 있겠다는 생각이 들어요.

이렇게 아이는 부모와의 문답을 통해 '친구들이 나를 싫어한다' 는 생각에서 '친구가 나를 초대하지 못한 사정이 있을 것이다'로 생 각이 유연하게 변했다. 이런 생각의 변화가 조언이나 제안처럼 부 모가 가르치거나 주입한 것이 아니라 아이 머릿속에서 나왔다는 점이 소크라테스식 문답의 핵심이다.

처음부터 엄마가 "◎◎이가 너를 싫어해서 초대하지 않은 게 아 니라 초대하지 못한 걔만의 사정이 있을 거야"라고 상황을 해석해 줬다면 대화는 훨씬 빠르고 효율적으로 끝났겠지만 아이가 스스 로 생각을 넓히고 오류를 찾아 정정해 나가는 과정을 배우지는 못 했을 것이다. 이와 같은 대화는 빙빙 돌려 말하는 듯 길고 번거롭 지만 아이에게 물고기를 잡아주는 대화가 아닌 물고기 잡는 법을 가르쳐주는 대화라 할 수 있다.

아이 질문에 성의껏 답하기

모든 아이는 질문을 많이 한다. 부모만 준비되면 문답식 대화를 언제든 시작할 수 있다는 뜻이다. 아이는 생각보다 철학적 질문, 본질적 질문, 어른이 당연하게 생각하는 것에 대한 질문을 자주 해 어른을 당황하게 만든다. 특히 5~6세 정도의 유치원생과 청소년기 아이는 죽음과 탄생, 존재와 관계, 선과 악, 남자와 여자처럼 본질적인 질문을 자주 한다.

이미 어른이 됐지만 우리도 이런 질문의 답을 잘 모르니 아이가 묻기 전에 평상시 곰곰이 생각해보고 나만의 대답을 준비해놓는 것도 나쁘지 않다. 어떤 질문이든 당황스러워하거나 하찮게 생각해 적당히 얼버무리지 않고 정성껏 답해주면 아이 생각은 쑥쑥 자란다. 아래 예시를 보면 좋은 답변은 무엇일지 고민해보자. (×)는 잘못된 예, (○)는 좋은 예다(이하 동일).

상황 1

아이 (정원사가 톱으로 나뭇가지를 치는 것을 보고) 가지는 왜 잘라요? 저렇게 톱으로 자르면 아픈 거 아니에요? 다칠 것 같은데.

부모(×) 나무는 안 아파. 걱정 마.

(○) 나무한테 가지는 ○○이의 머리카락이나 손톱 같은 거야. ○○이 머리카락이 많이 길면 눈을 가리고 불편해지니까 미용실에 가서 예쁘게 자르지? 그때 ○○이는 아프지 않고 더 예뻐지잖아. 나무도 가지를 자르는 게 아프지 않아. ○○이 머리카락 자르는 거랑 비슷해.

비유를 쓰면 아이가 이해하기 쉽다. 여기서는 아이가 절단을 죽음이나 고통으로 받아들이고 있으므로 절단에 몸단장 의미도 있음을 비유를 통해 알려준다. 자르는 것은 곧 고통, 죽음이라는 생각에서 인지적 탈 융합이 일어나 사고가 더 유연해진다.

상황 2

아이 ○○이는 커요, 작아요?

부모(X) 그게 무슨 말이니? ○○이는 키가 크지.

　(O) ○○이는 크기도 하고 작기도 하지. 엄마 옆에 서면 작고 동생 옆
　에 서면 크거든. ○○이는 누구 옆에 있느냐에 따라 클 수도 있고
　작을 수도 있단다.

어린아이는 '코끼리는 크다', '생쥐는 작다', '아빠는 크다', '나는 작다' 와 같이 자기 자신을 기준으로 고정된 크다/작다 개념을 먼저 형성한 다. 이 문답에서처럼 고정된 개념에 '비교와 상대성'이라는 개념을 소 개하면 크다/작다를 더 유연하게 쓸 수 있다.

메타인지 연습

인지적 유연성을 기르는 데는 마음챙김, 즉 메타인지가 도움이 된다. 메타인지란 쉽게 말해 나를 성찰하고 관조하는 능력, 나를 객관화해 바라보는 능력이다.

보통 내 경험과 기억은 1인칭이기 때문에 그로 인한 감정이 크고 생생하게 피부로 느껴진다. 따라서 내 경험은 주관적 감정에 치우쳐 해석되기 쉬우며 객관적 시각으로 바라보기 어렵다. 관조와 성찰은 이런 1인칭 시점에서 벗어나 3인칭으로 나 자신을 바라보는 것으로 다른 말로 메타인지라고 한다. 바둑에서 복기하기, 매일 저녁 일기 쓰기, 녹음이나 녹화한 내 모습 모니터링하기 등이 모두 메타인지의 예다.

특별한 장비 없이 회상 연습을 통해 메타인지를 키울 수도 있다. 내 기억으로 마치 영화를 연출하듯 다양한 카메라 워크를 시도해보는 것이다. 특정 기억을 부분에서 전체로 시야를 확대해 보거나 반대로 전체에서 부분으로 클로즈업해 볼 수도 있고, 앵글을 돌려 다양한 관점에서 바라볼 수도 있다. 부분을 전체로 확장해 멀리서 보면 강렬한 감정이 약화되기도 하고, 반대로 멀리서 보던 것을 내가 직접 경험하듯 가까이 보면 남의 일 같던 상황이 내 일처럼 느껴지기도 한다.

부모는 아이와 대화를 나눌 때 아이가 메타인지를 사용해 자기 경험을 맥락에서 보는 연습을 반복하게 함으로써 인지적 유연성을 키워줄 수 있다. 그러면 아이 자신은 물론이고 타인의 행동, 감정, 생각도 더 잘 이해할 수 있게 돼 감정조절력과 공감 능력도 길러진다.

보통 지난 일, 특히 안 좋은 일은 떠올리기 싫어 넘겨버리고 다시 생각하지 않으려는 경향이 있지만 이미 지난 일이라도 그때 아이가 느낀 감정이나 생각을 짚고 넘어가야 할 필요가 있다면 아이가 회피하거나 저항하더라도 부모는 그 일을 다시 현재로 가져와 끈질기게 다루는 것이 좋다. 다음과 같은 상황을 참고해보자.

상황 1

낮에 친척 집에서 아이가 장난감을 마음대로 못 만지게 한다고 심술이 나 소리를 질렀다. 남의 집이라 길게 혼내지 못하고 "○○아, 소리 지르면 안 돼!"라고 말하는 선에서 그쳤고 이후 아이가 다시 잘 놀아서 몇 시간 더 있다가 집으로 돌아왔다. 집에서 저녁을 먹으며 혹은 자기 전에 낮의 일을 꺼내 아이와 대화를 시도해본다.

엄마 ○○아, 아까 낮에 이모집에서 왜 화가 났던 거야?

아이 □□이가 구급차를 못 만지게 하니까 화가 났지. 전에 □□이가 우리 집에 왔을 때 내 장난감 같이 갖고 놀았단 말이야. 근데 ㅁㅁ이는 자기 구급차를 못 만지게 하잖아.

엄마 아, 그래서 네가 화가 났구나. ○○이가 화가 많이 날 만하네. (감정대화와 공감)

아이 응, ㅁㅁ이는 못됐어. 다음에 우리 집에 오면 내 장난감 못 만지게 할 거야.

엄마 그래, ○○이 장난감은 ○○이 거니까 그렇게 할 수 있지. (분노를 인정해줌) 근데 이거 알고 있니? 엄마가 이모한테 물어보니까 그 구급차는 이번에 ㅁㅁ이 생일 선물로 받은 거라서 ㅁㅁ이가 최고로 아낀다던데. ○○이는 알고 있었어? (다른 관점 제안)

아이 아니. 구급차가 전에는 없었는데 새로 생긴 장난감이니까 그냥 갖고 놀려고 했지.

엄마 ○○이가 친구 새 장난감을 갖고 놀고 싶었다는 거 엄마가 알겠어. (공감) ○○이는 친구에게 장난감을 빌려줬다는 것도 알아. 만약에 ○○이가 제일 아끼는 슈퍼 변신 로봇을 친구가 빌려달라고 하면 ○○이는 빌려줄 거야? 변신 로봇은 ○○이가 착한 일 10번 해서 받은 거라 각별히 소중히 여기잖아. (다른 관점 제안과 결과 추론)

아이 슈퍼 변신 로봇은 절대 안 되지!

엄마 왜 다른 장난감은 되고 슈퍼 변신 로봇은 안 돼?

아이 슈퍼 변신 로봇은 다른 장난감이랑 다르니까.

엄마 □□이도 구급차가 다른 장난감이랑 다른 거 아니었을까? (다른 관점

제안)

🅣🅘🅟

아이 마음에 불안, 슬픔, 분노처럼 부정적 감정이 일어났던 사건은 여
유가 있을 때 부모가 함께 깊이 다뤄주면 좋다. 아이의 부정적 감정에
공감해 주면서 뭉친 감정을 마사지하듯 부드럽게 풀어주는 것이 가장
먼저이며 아이 마음이 조금 누그러졌다고 느껴지면 그 후에 '맥락에서
보기, 타인 관점에서 보기'를 유도해볼 수 있다. 공감과 감정 풀어주기
없이 바로 상대 관점에서 바라보라고 하면 아이는 오히려 반감이 생겨
귀를 막아버릴 가능성이 있다.

또 아래와 같이 양육 과정에서 부모 자신이 메타인지를 사용해
성찰하는 모습을 솔직히 보여주는 것도 좋은 롤모델링이다.

상황 2

기분이 안 좋아서 자기감정 때문에 아이에게 지나치게 화를 냈다.

"○○아, 엄마(아빠)가 생각해보니 좀 전에는 ○○이가 잘못했다기보다 엄
마가 기분이 안 좋아서 너무 심하게 화를 낸 것 같아. 화를 내서 미안하구
나. 엄마가 사과할게."

사과할 일이 있다면 아이가 깨어 있을 때 부모 마음을 직접 말로 표현하는 것이 자는 아이를 쓰다듬으며 혼자 미안한 마음을 갖는 것보다 낫다. 부모가 표현하지 않으면 아이는 부모가 후회하고 있다거나 자기에게 미안해하는 마음이 있다는 사실을 추호도 알 수 없다.

조금 부끄럽고 머쓱하더라도 미안한 일은 어물쩍 넘기지 말고 용기 내 말해보자. 부모가 이렇게 용기를 내면 아이는 비록 실수가 있더라도 성찰하고 개선해 나가는 부모의 행동 방식을 그대로 보고 배운다. 부모의 행동 자체가 회복탄력성의 좋은 본보기가 되는 것이다.

경험을 통해 다양한 맥락 만들어주기

사고를 유연하게 하는 데는 다양한 경험과 만남만큼 좋은 것도 없다. 아무리 인지적 유연성을 기르는 연습을 한다 해도 경험이 적으면 근본적인 한계가 있다. 생각 폭이 경험 폭을 뛰어넘기는 어렵다(아인슈타인 같은 이론물리학자는 소수의 예외다). 따라서 생각을 넓게 하려면 일단 참조 체계가 되는 경험 폭이 넓어야 한다. 유연한 사고 능력은 컴퓨터의 OS이고 다양한 경험은 거기에 깔린 프로그램과 앱, 데이터에 해당하는 셈이다. 경험은 사고의 맥락이 되기도 하고 의미의 재료가 되기도 하며 기술과 노련함이 되기도 한다.

이때 아이가 다양한 견해와 관점을 경험하게 하되 경험 후에는 섣불리 선입견이나 고정관념을 갖지 않도록 아이와 의견을 나눠 외적 경험을 유연하게 흡수할 수 있게 한다. 특히 30대 중반까지는 남녀 차이, 세대 차이, 문화 차이, 지역 차이에 대한 경험을 폭넓게 할수록 생각 폭도 넓어진다.

여행, 이사, 전학은 아이가 경험 폭을 넓힐 수 있는 사건이다. 이런 경험이 아이에게는 스트레스가 될 수도 있지만 다른 지역의 문화와 생활 방식을 비교해볼 수 있는 좋은 기회가 되기도 한다.

의과대학을 졸업하고 대학병원에서 인턴, 레지던트로 수련을 받으면서 거의 매일 밤낮없이 5년간 병원에서 생활을 한 나는 병원이 가장 익숙하고 편안한 공간이었다. 그런데 레지던트 4년 차에 이 공간에서 의사가 아닌 환자 보호자로 며칠 묵을 일이 생겼다. 분명 나는 병원이라는 동일한 공간에 있었지만 의사에서 보호자로 역할이 바뀌면서 전과는 전혀 다른 경험을 했다. 움직이는 동선이 달라지고 만나는 사람이 달라지고 다른 사람에게 받는 대우도 달라졌다. 화장실도 못 가고 목이 빠지게 회진을 기다리기도 하고 불안해 못 살겠는데 기다리라는 대답만 듣다 화를 낸 적도 있다.

이 일은 같은 시공간에서 같은 인물이 역할에 따라 얼마나 다른 경험을 하게 되는지 피부로 느낄 수 있는 기회였다. 이후 환자와 보호자, 병원의 다른 스태프를 대할 때 내가 의사 역할만 할 때는 보이지 않던 것이 보였고 이해되지 않던 것이 이해됐다. 보호자로서 경험해보지 않았더라면 병원에서 더 오랜 기간 근무했더라도 이해의 폭을 넓히기는 어려웠을 것이다.

내게는 당연한 것이 다른 지역에서는 이상하게 여겨지고, 반대로 내게 생소한 것이 다른 사람에게는 너무나 당연한 것일 수도 있음을 경험해 고정관념을 깨면 좋다. 차이와 다름은 나쁜 것이 아니며, 다르게 생각하고 느끼는 것이 어쩌면 더 당연할 수도 있음을 몸소 체험하면 편견을 줄이고 열린 사고를 할 수 있다.

Chapter 9

무엇이든 끝까지
해내게 하는 힘

아이 마음에 불을 지피는 가치 찾기

실패와 역경을 겪고도 다시 반복해 도전하는 행동은 욕구, 재미와 즐거움, 보상만으로는 지속되기 어렵다. 실패의 쓴맛과 노력의 허무함은 다시 하고 싶다는 욕구를 사라지게 할 정도로 강력하기 때문이다.

예를 들어 '공부를 잘하고 싶다'는 마음으로 몇 달 동안 새벽 3시까지 공부했는데 기말고사에서 성적이 하나도 오르지 않으면 공부를 잘하고 싶다는 욕구보다 '해봤자 소용없다', '하기 싫다'는 생각이 더 우세해진다. 특히 영어나 수학 같은 과목은 몇 개월 열심히 한다고 쉽게 성과가 보이는 과목이 아니기 때문에 잘하기 위해서는 장기적이고 꾸준한 노력이 필요하며 잘하고 싶다는 욕구 외에도 그것을 '해야 하는 이유'가 필요하다. 그래야 눈앞의 실패로 속상하고 그만하고 싶은 마음이 들어도 노력과 도전을 지속할 수 있다.

해야 하는 이유, 즉 당위성은 규범, 관습, 강제력 같은 외적 규제와 의미, 가치 같은 내재동기에서 나온다. 외적 규제는 감시·감독이나 처벌 등으로 외부 힘이 계속 가해져야 어떤 행동을 지속할 수 있으며 그 힘 없이 자율적으로 행동이 지속되길 기대하긴 어렵다. 반면 내재동기는 해야 하는 것과 하고 싶은 것을 일치시켜 특정 행동에 자율적으로 몰두하게 한다. 내재동기에 의해 유발된 행동은 하라는 외부 자극과 하기 싫다는 내적 저항 사이의 감정적 에너지 소모가 없기 때문에 훨씬 효율적이다.

상담실에 온 아이들이 적은 장래희망 중 나를 가장 놀라게 한 것은 '돈 많은 백수'였다. 요즘 아이들은 장래희망에 선생님, 의사, 과학자, 소방관 같은 전통적인 직업군 외에도 유튜버, 아이돌, 프로 게이머처럼 시류에 따른 직업도 많이 적는다. 이렇게 특정 직업을 적는 아이는 자신이 무엇을 좋아하고 무슨 일을 하고 싶은지, 무엇에 가치를 두는지 고민해본 적이 있다고 할 수 있다.

반면 나중에 '돈 많은 백수가 되고 싶다'는 아이는 자기 존재나 행위를 통해 어떤 가치나 의미를 추구하고자 하는 동기가 전혀 없이 욕구만 가득한 상태다. 이런 경우는 하루 종일 게임이나 핸드폰을 해 혼이 나지만 프로 게이머나 유튜버가 되고 싶다는 꿈이 있는 아이보다 의지를 갖고 앞으로 나아가게 하기가 훨씬 어렵다.

아이가 내재동기를 바탕으로 앞으로 나아가려면 먼저 가치관을 명확히 해야 한다. 인생이라는 항해에서 가치관은 나침반, 내재동기는 모터와 같으며 외재동기는 바람이나 조류에 해당한다. 아이라는 배 안에 내재동기라는 모터가 있으면, 바람과 조류가 없거나 이것이 다른 방향으로 배를 밀 때도 내가 가고자 하는 방향으로 어떻게든 나아갈 수 있다. 이 내재동기를 강화하는 것이 바로 가치관이다. 원하는 바가 분명하면 하고자 하는 의지도 강해지기 때문이다. 따라서 학령기~청소년기 아이가 가치관을 명확하게 인식할 수 있다면 뚜렷한 목적의식을 바탕으로 스스로 노력하는 힘도 생긴다.

가치와 목표가 설정된 이후에는 자기일치가 일어나게 해야 한다. 자기일치란 목표와 가치에 얼마나 일치하는 행동을 하고 있는지를 의미한다. 예를 들어 공부를 잘하고 싶다는 욕구와 목표는 있는데, 숙제를 전혀 하지 않고 수업 시간에 집중도 하지 않는다면 자기일치가 일어나지 않은 것이다.

가치와 목표를 현실로 만들기 위해서는 내·외재동기가 있어야 한다. 또 이 동기가 전념행동, 즉 목표를 이루기 위해 반복적으로 끈질기게 추구하는 행동으로 이어져야 한다.

원하는 삶으로 가는 지름길

아이의 가치관이 형성되기 이전에 먼저 부모의 가치관이 명확해야 한다. 그래야 교육관이 명확해지고 양육 과정에서 불안한 순간이 찾아와도 주위 영향에 흔들리지 않으며 일관성 있게 아이를 키울 수 있다.

우리나라에서 자라는 젊은이는 10대에는 입시 경쟁, 20대에는 취업 경쟁처럼 눈앞의 생존 경쟁에 전념하기에도 에너지가 모자라서 뇌와 신경계가 발달을 마무리하는 이 중요한 시기에 자기상과 세계관, 가치관을 치열하게 고민할 여유나 틈이 없다. 그래서 30~40대에 부모가 돼서도 정체성과 가치관이 명확하지 않은 경우가 많으며, 자기 것이 명료하지 않기 때문에 아이에게 무엇을 어떻게 제시해야 할지 몰라 혼란스러워하는 악순환이 반복된다.

만약 부모 자신이 10~30대에 명확한 가치관을 형성하지 못했다면 아이를 키울 때 무엇이 중요한지, 어떻게 사는 것이 좋을지 생각해볼 수 있는 좋은 기회가 된다. 아이에게 어떤 방향성을 제시하기 전에 본인이 먼저 진지하게 고민해보자.

당장 먹고살기도 바쁜데 시간을 내 자신이 어떤 가치를 추구하는지 고민해 보라는 말은 뜬구름 잡는 소리처럼 들릴 수도 있다. 하지만 내 가치관을 잘 아는 것이 내재동기 유발의 밑바탕이 되고 궁극적으로 자기가 원하는 삶으로 가는 지름길이 되며 아이에게도 그 길을 알려줄 수 있는 가장 정확한 방법이다.

부모의 가치관과 양육관

삶을 살아가다가 주변 상황이나 말에 흔들릴 때는 '나는 무엇이 중요한가?', '그것을 이루기 위해 필요한 도구는 무엇인가?' 하고 자기 자신에게 물어본다. 이렇게 도구와 목적을 구분한 뒤 그 둘을 좇되 중간중간 도구와 목적이 바뀌지는 않았는지 살펴봐야 한다. 바쁘게 살다 보면 처음 목적을 잊어버리고 도구만 열심히 좇기 쉽기 때문이다. 도구와 목적이 전도됐다는 판단이 들면 잠시 멈추고 방향을 바꿔야 나중에 후회하지 않는다.

도구	목적
성공, 돈, 명예, 권력, 건강, 여가 시간, 가족, 사람, 관심, 능력, 외모	행복, 사랑, 정의, 아름다움, 자유, 안전, 평안

[표 5] 도구와 목적 구분

양육관도 마찬가지다. 나는 아이를 키우는 데 무엇이 가장 중요한지, 지향하는 바가 무엇인지 알고 큰 틀을 정해놓는 것이 좋다. 행복한 아이로 키울지, 사랑을 주고받을 수 있는 아이로 키울지, 훌륭하고 뛰어난 아이로 키울지, 착하고 바른 아이로 키울지, 사회의 좋은 구성원으로 키울지 같은 목표가 그 예다.

청소년기가 되면 아이가 자기만의 가치관을 구체적으로 꾸려가겠지만 그전까지는 부모가 아이를 양육하는 데 무엇이 우선순위

인지 말할 수 있어야 양육의 방향성이 생기고 일관된 양육을 할 수 있다. 물론 동시에 여러 가치를 추구할 수도 있는데 때때로 가치 충돌이 생길 경우(학원 스케줄을 정할 때 등) 양육관이 분명히 정립돼 있어야 선택이 쉬워진다.

예를 들어 소아청소년정신과에서 추구하는 바는 '행복한 아이'다. 정서와 감정을 가장 중요하게 보기 때문이다. 행복한 아이라는 목표는 아이가 균형적으로 발달해야만 달성 가능하기 때문에 인지 능력, 감정, 운동 능력과 신체, 사회성이 고루 발달한 아이가 행복한 아이가 될 수 있다.

하지만 부모에 따라 '훌륭하고 뛰어난 아이'를 원할 수도 있고 '착한 아이'를 원할 수도 있다. 사람마다 자기가 중요하게 여기는 가치가 다른 것처럼 부모마다 아이가 어떤 사람으로 자라길 바라는지도 다르다. 행복한 아이로 키우려는 부모와 훌륭하고 뛰어난 아이로 키우려는 부모는 방향성이 다르며 둘 중 무엇이 맞다고 할 수 없다. 부모 스스로 자신의 양육관을 잘 알아야 주변을 맹목적으로 따르거나 결정을 못해 우왕좌왕하는 일을 피할 수 있다.

자녀의 가치관

아이가 성장할수록 중요해지는 부분이 부모가 자신과 자녀를 분리하는 것이다. 다시 말해 자녀가 나와 다른 가치를 추구하더라도 인정할 수 있어야 한다. 부모의 가치관이 흐릿해 비전을 제시하지 못하고 혼란스러운 것도 문제지만 반대로 너무 뚜렷한 경우에는 자신의 생각과 가치, 신념에 대한 믿음이 확고한 나머지 나만 옳고 맞다고 믿어버려 다른 가치와 삶의 방식을 배타적으로 대할 수 있으니 주의해야 한다. 부모가 자녀를 자기만의 욕구와 생각을 가진 독립된 개체로 존중하지 않고 '너는 이런 사람이 돼라' 하며 가치와 목표를 정해주면 아이에게 내재동기가 생기기 어렵다.

예를 들어 부모는 자수성가해 근면성실하고 검약한 삶을 이상적으로 보는데 자녀는 풍요로움, 아름다움, 편안함을 추구할 수도 있다. 종교나 정치관이 다를 수도 있고 이성친구나 배우자를 선택할 때 중요하게 생각하는 부분이 다를 수도 있다. 부모는 자녀가 나와 다른 환경에서 자란 다른 사람이므로 다른 가치를 추구할 수 있음을 힘들더라도 받아들여야 한다.

그럼 어떻게 아이를 나와 분리하고 하나의 인격체로 존중해줄 수 있을까? 먼저 아이가 어떤 경험을 했을 때 그 경험에서 느낀 감정은 읽어주되 의미와 가치는 부모가 판단하거나 정해주지 않고 아이 스스로 찾고 부여할 수 있도록 기다려줘야 한다.

이 과정에서 아이는 여러 차례 시행착오를 겪을 수도 있다. 아이가 의미를 찾지 못하고 무의미와 고통 속에서 헤매는 모습(예를 들어 "대체 왜 공부를 해야 하는지 모르겠어요"라고 하는 상황)을 옆에서 지켜만 보는 것이 힘겹더라도 부모가 인내심을 갖고 침묵할 수 있어야 한다. 어른은 아이가 서투른 모습을 보이면 답답함을 느껴 자기가 아는 것을 가르쳐주고 싶어 하지만 그것이 아이에게는 정답이 아닐 수도 있다. 또 아이가 직접 의미와 가치를 찾아봐야 그렇게 할 수 있는 능력이 길러진다.

다음으로 아이가 자신의 기질, 적성, 경험, 판단에 따라 스스로 가치를 결정해야 한다. 물론 아이가 부모의 모습을 본받고 싶다는 마음에서 부모와 같은 직업을 갖거나 비슷한 가치를 추구할 수도 있다. 그러나 이런 경우도 아이가 직접 그렇게 하기로 결정했을 때 진정한 내재동기로의 동력이 된다.

아이의 기질, 적성, 흥미는 아이를 유심히 관찰해야 발견된다. 이때 부모는 자신의 욕구와 기대, 바람을 뒤로하고 객관적으로 아이를 바라볼 수 있어야 한다. 부모의 욕구와 기대가 투영된 렌즈로 보면 아이의 적성과 능력이 왜곡될 수 있으므로 눈앞에 있는 아이를 그대로 관찰하려고 노력해야 한다.

예를 들면 부모가 읽었으면 하는 책보다 아이 손이 자주 가는 책을 읽어주고, 아이가 인지능력 발달을 위해 산 비싼 장난감보다 구겨진 비닐을 더 좋아한다면 그것으로 같이 놀아주는 것이다.

작은 성공 경험의 가치

아이에 대한 과잉기대는 금물이지만 아이 수준에 적절한 도전 과제를 주고 여러 번 성공을 경험하게 하는 것은 아이가 끈기와 인내를 갖고 지속적으로 도전하는 능력을 기르는 데 중요하다. 자신감은 '아이'의 반복된 성공과 재기 경험에서 나오지, 부모의 기대나 부모가 바라는 자녀상에서 나오지 않는다.

실제로 2~3세 아이를 관찰해보면 비슷한 행동을 수없이 시도해 실패하고 성공하면서 재미를 느끼고 기술을 숙달한다. 그리고 이 과정을 통해 자율성과 자신감을 느낀다. 물론 부모의 칭찬과 비난이 아이가 습관을 형성하거나 행동 방향을 결정하는 데 영향을 미치기는 하지만, 아이의 중심은 자기가 직접 경험함으로써 단단해질 수 있다.

이때 궁극적으로 부모가 원하는 바가 있다 하더라도 아이에게 주는 도전 과제는 단계적이어야 한다. 부모가 흔히 하는 실수는 아이에게 너무 어려운 과제를 줘서 실패할 수밖에 없는 상황을 만들거나 부모 자신이 불안한 탓에 아이가 재기에 성공할 때까지 기다려주지 못하는 것이다.

예를 들어 아이에게 오늘 오전 안에 방 청소를 다 하라는 요구는 오늘 저녁까지 책상 위를 정리하라는 요구에 비해 실패로 끝날 확률이 높다. 비록 지금 아이 방이 난장판이라 치워야 하는 게 맞을지는 몰라도 청소라고는 해본 적 없는 아이에게 하루 만에 방을 다 치우라는 요구는 너무 어려운 도전 과제인 것이다.

능력에 비해 너무 버거운 과제를 부여받은 아이는 엄마가 화를 내니까 대충 치우는 시늉을 하다가 다 하려니 엄두가 안 나 이내 의지를 잃고 딴짓을 할 가능성이 높다. 그리고 엄마가 그 상황을 보고 화를 내면 정리하고 싶지 않은 마음이 더욱 커져 반항적인 행동을 할 수도 있다.

아이에게 성공 경험을 만들어줄 때는 조금 답답할지라도 처음에는 적은 노력으로 해낼 수 있는 쉬운 과제를 줘야 하며, 그 과제를 통해 충분히 성공을 경험하고 자신감을 얻으면 그것보다 조금 어려운 과제를 주고 또 자신감을 쌓게 해야 한다.

아이도 초기에는 10번 시도하면 7~8번은 된다는 경험을 해야 마음속에 '하면 된다'와 '나는 할 수 있다'는 도식이 생긴다. 그리고 이에 대한 신념이 굳건해야 성장하면서 실패 확률이 더 높은 과제에도 되리라는 희망을 갖고 용기 있게 도전할 수 있다.

Step 4

아이 기질별
회복탄력성 키우기

Chapter 10

흥미추구형

이것저것 도전하나 끈기가 없고 쉽게 포기하는 아이라면 '흥미 추구형'으로 볼 수 있다. 흥미추구형 아이는 호기심을 갖고 새로운 자극을 적극적으로 탐색하지만 쉽게 지루해서 반복적인 일을 힘들어하며 꾸준히 하기도 어렵다. 실행에 옮기는 속도는 빠르지만 성급하며 충동적이고 산만해 보일 수도 있다. 참을성이 부족해 화를 내거나 지나치게 경쟁적이고 공격적인 모습을 보이기도 한다.

끈기 있게 성취하게 하려면

흥미추구형 아이는 호기심이 많고 두려움 없이 새로운 것에 곧잘 도전하는 초반 러시형이다. 하지만 끈기가 없어 마무리를 짓지 못하는데 이런 실패가 반복되면 자기상에 영향을 미쳐 자신감과 자존감이 저하되는 결과를 낳을 수 있다.

아이가 자꾸 쉽게 그만두는 것이 답답한 부모는 "네가 가고 싶

다고 보내준 학원인데 또 그만둔다고 하는 거니? 좀 끝까지 하면
안 돼?'라고 말하고 싶겠지만 아이는 그 말을 듣기도 전에 이미 마
음속으로 '나는 해도 안 돼', '이번에도 어차피 못 해낼 거야' 하는 말
을 되뇌고 있을 가능성이 높다. 사실 끈기 없는 아이를 옆에서 보
는 부모보다 노력하고 있고 또 정말 잘하고 싶은데 행동으로는 잘
안 되는 아이 자신이 더 속상하다.

이 유형의 아이를 기르는 부모는 무작정 아이를 다그치기보다
학습을 게임이라고 생각하면 아이와 효과적으로 상호작용할 수
있다. 즉, 큰 목표를 잘게 나눠 단기간에 성취할 수 있는 작고 분명
한 목표 1~2개만 주고 각 단계별로 보상을 주며 수준을 조금씩 높
여나가는 식으로 프로그램을 짜면 좋다. 게임이 한 판 끝나면 다음
판으로 넘어가고 다음 판은 이전 판보다 조금 더 어려우면서도 새
로운 자극이 추가되는 것과 비슷하다.

"우리 이 문제집 한 권 다 풀어보자. 얼마나 뿌듯할까?"
"커서 멋진 사람이 되려면 이걸 해야 해."

흥미추구형 아이에게 차곡차곡 한 달간 풀어야 하는 '문제집 한
권'과 막연하고 먼 미래인 '커서'는 마음에 와닿지 않는 목표일 수
있다. 따라서 이렇게 오랜 기간 노력해 큰 보상을 받자고 약속하기

보다는 작더라도 매일매일 손에 잡히는 보상을 주는 것이 더 효과적이다.

예를 들어 '이번 학기에 성적이 좋으면 자전거/핸드폰을 사주겠다'는 식의 보상은 아이가 그 보상을 얼마나 간절히 원하느냐와 상관없이 실패할 가능성이 높다. 이 아이에게 한 학기는 너무나 긴 기간이라 시간이 지나면서 목표가 흐려지거나 하고 싶은 마음이 식어 포기하는 경우가 많기 때문이다. 장기간에 걸친 원대한 목표 설정은 아이에게 실패 경험만 남기고 아이는 다시 '나는 안 돼' 하고 되뇌게 된다.

태권도학원의 보상 시스템을 보면 흥미추구형 아이에게 접근하는 방법에 관해 좋은 힌트를 많이 얻을 수 있다. 태권도학원에 다니는 아이는 도장에 한 번 갈 때마다 30분 정도 수련을 하고 10~20분은 피구처럼 재밌는 활동을 한다. 그리고 매 수업이 끝나면 눈에 보이는 스티커나 배지를 받는다. 이를 일정 수 이상 모으면 메달이나 줄넘기처럼 현물로 선물을 받을 수 있다. 이 외에도 실력이 향상되면 여러 가지 색깔의 벨트를 획득할 수 있다. 주말에는 가끔씩 태권도장에 원생들이 모여 파티 같은 이벤트를 즐기기도 한다. 아무리 활발한 초등학생 남자아이라 할지라도 이렇게 태권도를 배우면 수많은 품새를 외우고 1년 동안 꾸준히 실력을 쌓아 국기원에서 평가를 받을 수 있다.

이렇게 태권도학원에서는 출석과 참여라는 아이의 작은 노력에 눈에 보이는 작은 보상을 자주 준다. 학원에 다니는 아이가 학원에 출석하는 일은 당연하다고 여길 수 있는 행동인데도 말이다. 이는 매우 효과적인 전략이라 모아야 하는 스티커가 100개에 달할지라도 아이는 끈기 있게 스티커를 모으고 그렇게 힘들게 모은 스티커 100개의 보상이 줄넘기 같은 작은 것이어도 기뻐한다. 보상이 무엇이며 얼마나 크냐와 상관없이 보상 체계 자체가 아이에게 성취욕과 기쁨을 부여하는 것이다.

태권도의 벨트는 또 다른 보상 체계다. 이는 출석 스티커보다 획득하기 어렵고 중·장기적 노력이 필요하다. 하지만 벨트에는 독특한 매력이 있다. 단순하고 물질적인 욕구가 아니라 더 고상하고 명예로운 욕구를 자극한다는 것이다. 벨트는 "나 빨간띠예요"라고 태권도장 밖 어른에게 자랑할 수도 있고 평소 멋있게 뽐내며 허리에 매고 다닐 수도 있는 일종의 사회적 자산이자 명예다.

한편 수업이 없는 날 가끔씩 태권도장에서 주최하는 태권도 학습과 관련 없는 놀이나 파티는 즐거운 추억과 태권도장이 연상 작용을 일으키게 한다. 이는 아이가 학습이 일어나는 공간을 더 친숙하고 편안한 곳으로 느끼는 배경이 돼준다.

이런 보상 체계와 전략을 적절히 활용하면 아무리 끈기가 없는 흥미추구형 아이라도 검정띠까지 딸 수 있다.

학교나 기관처럼 커리큘럼, 다시 말해 목표와 목표 달성 기준, 평가와 보상 주기가 빡빡하게 짜인 시스템과 달리 부모와 가정은 아이 기질과 특성에 맞춰 유연하게 규칙을 정할 수 있다. 학교는 1학기에 2번 평가를 하고 어느 시기까지 적어도 어느 정도 학습 수준이 돼야 한다는 학습 속도와 숙련도 기준을 둔다.

하지만 아이는 저마다 성향이 달라서 나중에는 잘하지만 처음 익히는 데 오래 걸리는 아이도 있고, 처음에는 흥미 있게 접근하지만 끈기가 부족해 뒤처지는 아이도 있다. 기관은 이런 각각의 아이 요구에 따라 개별화되기가 힘들다.

부모에게는 아이가 본격적인 학습에 들어가는 중학생이 되기 전까지 유치원 2~3년과 초등학교 6년을 더해 거의 10년에 가까운 학습 준비 기간이 주어진다. 이 기간 동안 부모는 기관 속도와 별개로 아이 특성을 잘 파악하고 그에 맞게 기준과 평가 체계를 조정해 아이가 배움에 지속적인 흥미와 성취감을 느끼도록 유도할 수 있다. 주입식으로 학습해온 아이는 계속 외부의 감독과 압박이 있어야 공부하겠지만, 공부에 흥미를 붙인 아이는 학습 습관을 내재화해 학습량이 늘어나고 본격적인 경주를 시작하더라도 스스로 앞으로 달려갈 것이다.

다른 아이는 다 하는데 우리 아이만 못한다면

흥미추구형 아이를 둔 부모가 흔히 털어놓는 고민은 다음과 같다.

① "다른 아이들과 비교해서 제가 무리한 요구를 하는 것도 아니에요. 같은 반에 다른 아이들도 일주일에 1번 용돈을 주는데 우리 아이는 일주일에 1번을 주면 그날 다 써버려요. 차라리 필요할 때마다 그때그때 주는 게 낫겠어요."

② "4학년이 30분을 못 앉아 있어요."

③ "다른 아이들은 방 정리도 잘하고 숙제도 혼자 하고 준비물도 잘 챙긴다는데 우리 애는 왜 이런지 모르겠네요."

흥미추구형 아이는 쉽게 자극에 이끌리며 충동적으로 행동할 가능성이 높다. 같은 나이의 차분한 친구들이 일주일에 1번 용돈을 받아 규모 있게 배분해 쓴다 해도 우리 아이가 흥미추구형이라면 단지 기질 차이로 인해 일주일이라는 시간이 너무 길 수도 있다.

첫 번째 예시를 보면 부모가 불안한 마음에 주급제를 폐지하고 아이 돈을 대신 관리하고 결정하겠다는 극단으로 가버렸다. 이러면 아이의 충동적으로 돈을 쓰는 행동은 원천봉쇄할 수 있지만 아이가 시행착오를 반복하면서 욕구 관리·조절 능력을 배우고 익혀나갈 기회는 앗아버리는 결과를 낳는다. 다소 불안하고 귀찮더라도 일주일에 1번이 힘들면 일주일에 2번으로 나눠 주거나 일급제로 바꿨다가 아이가 용돈 사용에 능숙해지면 다시 주급제나 월급제로 바꿀 수도 있다. 또는 용돈 규모를 줄여볼 수도 있다.

두 번째 예에서처럼 4학년은 일반적으로 30분 이상 앉아 있을 수 있다 할지라도 우리 아이가 흥미추구형 기질을 타고났다면 기대치를 낮춰 더 짧은 시간 앉아 있는 연습을 시켜야 한다. 그리고 목표를 달성했을 때 '그 정도는 당연히 해야지'가 아니라 '잘했다'고 칭찬해줘야 조금 더 긴 시간 앉아 있고 싶다는 동기가 유발된다.

아이가 해내지 못한다면 다그치기보다 수월히 할 수 있을 정도로 아주 쉬운 수준까지 목표를 낮추면서 아이의 적정 수준을 찾아가보자. 비록 그 수준이 다른 아이는 훨씬 더 어렸을 때 하던 수준이라 비교가 돼도 불안해할 필요 없다. 제각기 강점과 약점이 있고 우리 아이는 기질 때문에 또래 아이와 비교해 그 부분이 훨씬 더 힘들 수 있기 때문이다.

세 번째 예는 아이에게 한 번에 너무 여러 가지 요구를 하는 잘못된 예다. 아이의 행동 변화를 유도할 때 중요한 것은 인내심이다. 바꿔야 하는 행동이 여러 개라도 한 번에 한 가지 행동 변화를 요구하고 변화가 일어날 때까지 충분히 기다려주는 것이 좋다. 아이가 서투른 방 정리, 숙제 혼자 하기, 준비물 잘 챙기기를 모두 잘 하길 바라면서 다그친다면 아이는 부모의 요구를 충족하려고 허둥지둥하다가 셋 다 제대로 못할 가능성이 높다. 이런 상태가 지속되면 아이는 '엄마는 잔소리를 많이 한다'고 규정하고 엄마 얘기라면 아예 귀를 막고 어떤 말도 듣지 않을 가능성도 있다.

흥미추구형 아이는 재미없는 일은 더 하기 힘들어하며 인내심이 부족한 경향이 있다. 따라서 '한 번에 한 가지' 룰을 지키는 것이 더욱 중요하다.

주의 주의력결핍 과잉행동장애(ADHD, Attention Deficit Hyperactivity Disorder)

흥미추구형 기질의 극단적인 경우로 아이가 ADHD라면 위에서 말한 배려와 보상 체계가 통하지 않는다. 아이가 힘들어하면 기준을 낮춰 쉬운 과업을 요구한 뒤 만족될 경우 다음 단계로 수준을 올려야 하는데 ADHD가 있으면 충분히 기다려줘도 다음 단계로 진전되는 느낌을 주지 않는다. ADHD가 있는 아이는 학업 성취도 외에 일상과 교우 관계에서도 여러 가지 문제가 드러난다. 일상에서는 준비물을 잘 챙기지 못하고 물건을 자주 잊어버리며 시간 감각이 없어 약속을 잘 못 지킨다. 학습과 수업뿐 아니라 친구와의 대화, 타인의 행동과 표정, 자기감정에도 집중을 잘 못하기 때문에 교감이 어렵다는 인상을 주기도 한다.

사회성을 길러주려면

흥미추구형 아이는 재밌고 친구에게 적극적으로 다가가기 때문에 쉽게 친구를 만드는 장점이 있지만, 관계 지속이 어렵거나 깊이 있는 관계로의 발전을 힘들어할 수 있다. 또 화를 잘 내고 행동이 앞서며, 승부욕이 강해 승패에 승복하려 하지 않고 양보와 협력을 잘 못할 수 있다. 사려 깊게 생각하기도 어려워하므로 자기 자신은 갈등 후에 뒤끝이 없으나 상대는 마음에 감정을 담아둘 수 있다는 점을 잘 이해하지 못한다. 그래서 자신이 상대에게 준 상처를 과소평가하고 공감해주지 못할 가능성도 있다.

승부욕이 넘치고 경쟁적인 아이에게 양보와 협력을 어떻게 가르칠 수 있을까? 나이 차가 적은 형제자매를 키우는 경우 "누가 더 빨리 먹는지 보자. 먼저 먹는 사람에게는 간식!", "누가 더 빨리 장난감 정리하는지 보자. 더 빨리 정리하는 사람이 오늘 볼 동영상을 고를 수 있을 거야"라는 식으로 아이끼리 경쟁시키면 아이가 더 분발하는 경험을 해봤을 것이다.

경쟁이 나쁜 건 아니지만 흥미추구형 아이는 기질적으로 경쟁하려는 경향이 더 강하기 때문에 일상생활에서 팀제로 접근하도록 유도해 양보와 협력을 익히게 하면 균형적인 성격이 될 수 있다.

예를 들어 "누가 더 빨리 먹는지 보자"보다는 "너랑 동생 둘 다

식사를 마쳐야만 간식 타임이야. 네가 빨리 먹어도 동생이 다 먹지 않으면 소용없어"라고 규칙을 바꿔볼 수 있다. 그러면 아이는 동생이 다 먹을 때까지 몸을 비비 꼬면서 기다리거나 동생이 빨리 먹도록 도와줄 가능성이 높다. 보드게임 같은 것을 할 때도 1:1 게임보다는 가족 구성원이 2명씩 짝을 지어 팀으로 게임하면 협력하는 법과 경쟁하는 법을 동시에 익힐 수 있다.

아이가 흥미추구형 아이처럼 일상 전반에 걸쳐 재미나 즐거움, 새로움을 추구하진 않는데 이상하게 승부에는 과도하게 집착한다는 느낌이 든다면, 지나친 승부욕이 아이의 기질보다는 애정 욕구나 인정 욕구에서 비롯된 것은 아닌지 살펴볼 필요가 있다. 이때는 부모와 자녀의 관계를 다시 돌아보고 애착허기가 있는 것은 아닌지 확인해봐야 한다.

아이는 부모에게서 받는 애정이 부족하다고 느끼면 친구들이나 선생님의 관심과 인정으로 이를 대신 충족하려는 경향이 있다. 자기 자신에게서, 가정에서 만족감이 오지 않으면 자기중심이 비어 헛헛함을 느끼며 그를 보상하기 위해 사회 안에서 존재감을 찾으려고 발버둥 치게 되는 것이다.

사회의 관심과 인정에 절박해진 사람은 성취와 승리를 획득해 더 돋보임으로써 사랑과 존재 가치를 얻을 수 있다고 생각하기 때문에 패배를 극도로 두려워한다. 패배하면 그저 기분이 나쁜 정도가 아니라 나는 가치 없고 사랑받지 못할 존재라고 인식하기 때문이다. 애착 문제로 아이가 지나친 승부욕을 보이는 경우는 보상 시스템을 바꾸거나 아이에 대한 기대를 낮추기보다 아이에게 정서적 자원을 마련해주는 방법(Step 2 참조)을 활용하는 것이 낫다.

홍미추구형 아이는 행동파라서 생각이나 감정을 깊이 파고들어 이해하기보다 친구들과 놀고 다투고 화해하고 다시 놀면서 행동으로 해결하려는 경향이 있다. 또 매우 민감한 위험회피형(다음 장에서 설명)과는 대조적으로 교우 관계 문제가 겉(말과 행동)으로 분명히 드러나지 않으면 상대의 미묘한 기분이나 태도 변화를 눈치채지 못할 가능성이 높다. 따라서 이 유형 아이는 의식적으로 잠시 행동을 멈추고 자신과 타인에 관해 생각하고 되돌아볼 수 있도록 대화를 유도해 공감력을 기르게 할 필요가 있다.

공감력을 키워주려면

공감력은 자기감정을 인식하는 능력과 상상력이 결합된 것으로 전문용어로 정신화(mentalization) 능력이라고 한다. 공감을 잘하려면 먼저 내 감정을 잘 인식할 수 있어야 하며 이에 더해 같은 상황에서 타인은 어떤 감정을 어떻게 느낄지 상상할 수 있어야 한다.

취학 전 아동은 타인의 감정을 상상할 수 있는 준비가 되지 않은 경우가 많다. 따라서 아이가 친구를 놀리는 행동을 했다면 "네가 놀렸을 때 그 친구 마음이 어땠겠니?"보다는 "친구 놀리지 마. 그건 나쁜 행동이야"라고 단순하고 분명하게 행동을 제지하는 식으로 훈육하는 것이 좋다.

대신 아이 감정이 부각되는 상황에서는 "엄마한테 혼나서 많이 속상했지?"라고 달래주는 것처럼 아이 마음을 읽어주고 감정 이름표를 붙여줌으로써 아이가 자신의 기분과 감정을 구체적으로 잘 인식할 수 있도록 도와준다. 아이가 자기감정을 잘 인식하고 표현하기 시작하면 타인의 감정도 인식할 준비가 된 것이다.

초등학교 저학년부터는 "네가 놀렸을 때 그 친구 마음은 어땠을 것 같아?"라고 가정법을 써서 질문함으로써 아이가 타인의 감정, 생각, 의도를 상상해보게 할 수 있다. 어떤 상황에서 타인이 어떻게 느꼈는지 추측할 수 있으려면 상상력이 풍부해야 한다.

아이의 상상력은 주로 취학 전 놀이를 통해 키워진다. 어린아이는 놀이 안에서 호랑이가 됐다가 토끼로 변신할 수도 있고, 개미가 돼 작은 세상을 탐험해볼 수도 있으며, 사막에서 바닷속으로 순간이동을 할 수도 있다. 놀이 안에서는 자신을 다른 상황, 다른 입장에 대입해 과연 그렇게 되면 어떨지 자유로이 상상해볼 수 있는 것이다.

특히 4~6세 아이는 역할 놀이를 많이 한다. 이 나이 아이는 병원 놀이를 하면서 의사나 간호사 입장이 돼보기도 하고 유치원 놀이를 하면서 선생님이, 소꿉놀이를 하면서 엄마가 돼보기도 한다. 이렇게 역할 놀이를 하면서 특정 상황에서 다른 입장의 사람은 어떻게 느끼고 말하고 행동할지 상상하고 추론하며 정신화 연습을 하는 셈이다.

자기감정 인식 능력과 상상력은 물리적 나이가 초등학생이 된다고 저절로 키워지지 않으며 취학 전 '부모의 마음 읽어주기'와 '역할 놀이'로 충분한 정서 발달이 뒷받침돼야 키워질 수 있다. 그리고 이 바탕이 잘 다져져야 공감을 잘하는 아이로 자랄 수 있다.

Chapter 11

위험회피형

미리 과도하게 걱정을 하거나 부정적 생각을 머릿속에서 계속 굴리는 아이라면 위험회피형일 수 있다. 이런 아이는 작은 실패도 크게 받아들이며 그 실패를 반추해 잘 헤어 나오지 못하기도 한다. 심지어 예기불안 때문에 도전 과정과 실패가 겁나 아예 시도조차 하지 않을 수도 있다.

위험회피형은 흥미추구형과 반대 성격이라고 보면 된다. 키우기 까다로운 유형이라 앞서 소개했듯 '민감한 아이'라고 따로 이름을 붙이기도 한다. 성격이 소심해 작은 일에도 걱정이 많고 매사를 너무 부정적으로 본다는 인상을 줄 수 있다. 쉽게 피로감을 느끼고 지치며 낯가림이 심하고 변화를 힘들어해 새로운 일이나 불확실한 상황에서 적극성이 부족하고 주변 사람에게 쉽게 마음을 털어놓지 못한다.

위험회피형 아이는 섬세하고 복잡해 잘 키우면 어떤 유형의 아이보다 더 멋지고 훌륭한 사람이 될 수 있지만, 부모가 아이 기질을 잘 이해하지 못하고 양육하면 불안하고 우울한 성인으로 자랄 가능성이 있다. 특히 회복탄력성을 길러주기 위해 아주 조심스럽게 접근해야 하는 유형이다.

위험회피형 아이에게는 다른 유형의 아이에게 없는 강점도 있다. 이 유형의 아이는 감수성이 예민하고 작은 자극에도 크게 반응하기 때문에 남들이 알아채지 못하는 사실, 느낌, 감각을 인식할 수 있으며 정보 처리량이 많고 복잡해 참신하고 놀라운 아이디어를 생각해낸다. 또 작은 일도 깊게 생각하고 반추하는 경향이 있는데 이는 성찰과 의미 형성 능력으로 발전할 수 있는 좋은 기질이기도 하다.

위험회피형 아이가 잘 자라서 회복탄력성까지 갖추면 감수성이 풍부하고 사려 깊으며 특정 영역(인지, 감정, 감각, 운동 등 아이가 민감한 영역)에서 비범한 능력을 가진 사람이 될 가능성이 높다.

새로운 시도를 불안해한다면

위험회피형 아이는 미리 걱정을 많이 하고 새로운 시도를 어려워한다. 만약 아이에게 "이번 주 금요일에 병원/소풍 갈 거야"라고 예고하면 아이는 월화수목 내내 근심으로 가득 차 걱정할지 모른다. 아이에게 미리 일정을 말했다가 아이의 계속되는 걱정과 아무리 안심시켜도 쉽게 가라앉지 않는 불안에 달달 볶인 부모는 그다음부터는 아이에게 일정을 비밀로 하다가 직전에 말해주기도 한다. 이렇게 하면 부모가 아이의 불안에 시달리는 시간은 짧아지지만 아이는 예고 없이 나타난 갑작스러운 일정에 놀라고 당황해 왜 미리 말하지 않았는지, 왜 부모 마음대로 정하는지 따질 것이다. 이러지도 저러지도 못하고 진퇴양난에 빠진 부모는 '미리 말했어도 난리가 났을 텐데 나더러 어쩌란 말이냐!' 하는 생각이 들고 예민하고 까다로운 아이를 키우는 일이 너무 어렵게 느껴져 지칠 수도 있다.

하지만 입학이나 새 학기, 이사나 전학처럼 피할 수 없는 변경이나 새로운 일정은 비록 아이의 반복되고 그치지 않는 걱정에 시달리더라도 아이에게 미리 알려주고 계속해서 안심시키며 버티는 게 맞다. '학년이 바뀌는 게 매년 이렇게까지 힘들 일인가? 다른 아이들도 다 하는데' 하는 생각이 들고 아이의 불안이 부모 기준에 비해 너무 심하고 오래가도 "이제 그만 좀 해. 엄마가 괜찮을 거라고 했잖아! 너는 대체 왜 계속 그러는 거야?"라고 말하지 말고 초지일관 아이를 안심시키며 버텨야 한다.

특히 부모가 아이와 기질적으로 달라 대범하고 겁이 없는 성격이라면 아이를 이해하기가 더욱 힘들 수 있다. 우리가 아무리 참조 체계를 확장하고 시야를 넓히려고 노력해도 그리고 그 사람을 사랑해서 이해하고 싶은 마음이 굴뚝같아도 기질과 성격이 다르면 상대의 내적 경험을 상상하기 어렵다. 외출과 약속이 기다려지고 생각만 해도 신이 나는 외향형 성격은 약속이 잡혔을 때 좋음, 귀찮음, 쓸데없는 걱정이 혼재돼 올라오는 내향형 성격의 내적 경험을 상상하기 힘들 것이다.

설사 부모도 민감한 기질이라 아이를 잘 이해할 수 있다 해도 쉽게 달래지지 않는 불안과 예민함을 수년간 담아주기란 어려운 일이며 강한 인내심이 필요하다. 희망적인 부분은 아이가 부모의 굳건한 정서적 지지 아래 어린이집, 유치원, 학교를 나오고 새로운 사람과 만나고 헤어지길 반복하면, 성공 경험이 쌓여 성숙해지고 스스로 자신의 불안과 예민함을 담을 수 있는 능력이 생긴다는 것이다. 다만 아이가 자라는 동안 부모는 괴로워하는 아이 옆에서 계속 기다려줘야 하는데 때로는 아이에게 뭔가를 직접 해주는 것보다 그저 지켜보며 기다려주는 일이 더 힘들 수도 있다.

실수나 실패를 곱씹는다면

위험회피형 아이는 실수나 실패를 크게 생각하고 시원하게 넘겨버리지 못한다. 작은 일도 크게 받아들여 며칠 동안 곱씹으며 괴로워하기도 한다. 이때 부모가 흔히 간과하는 부분은 아이를 안심시키기 위해 보인 반응이 오히려 아이에게는 문제를 과소평가하는 것처럼 보일 수 있다는 것이다. 이상적인 반응은 아이의 불안이나 괴로움을 있는 그대로 인정해주는 것이다.

상황

아이 아, 어제 내가 왜 그랬을까? 난 이제 망했어요.

엄마 무슨 일인데?

아이 어제 발표를 하는데 떨려서 하고 싶은 말을 못하고 엉뚱한 말을 했어요. 얼굴이 빨개져서 버벅거리니까 애들이 깔깔거리고 웃더라고요. 미리 대본을 써 갔어야 했는데 그냥 할 수 있을 줄 알고 했다가 완전히 망한 거 같아요. 수행평가에도 반영된다는데 이번 학기는 그냥 포기해야겠어요. 오늘도 교실에 들어갔더니 자꾸 어제 애들이 웃던 모습이 생각나서 부끄럽고 힘들었어요. 이제 발표는 못할 거 같아요.

엄마(X) 에이, 아이들이 네가 못해서 웃은 건 아닐 거야. 그 정도만 해도 잘했어. 다음에 더 잘하면 되지 뭐. 어제 발표는 그만 생각하고 이제 저녁 먹자.

(O) 아, ○○이 진짜 창피했겠다. 엄마가 생각해도 앞에서 혼자 발표하는데 뭐라 말할지 생각은 하나도 안 나고 아이들은 막 웃고 그러면 너무 괴로울 것 같아. 거기다 수행평가에도 들어간다니! 어떡하지,

큰일이네.

아이 (자기감정에 빠져 있다가 엄마가 공감해주자 엄마 말을 귀 기울여 듣기 시작하며 엄마를 바라봄)

엄마 (아이의 표정 변화를 파악한 다음 메시지를 전달함) 엄마도 어제 일로 네가 다시는 발표 안 하고 싶은 마음인 거 다 알아. 하지만 이번 학기에는 수행평가에 반영되는 발표가 2개나 더 남았으니 그때는 미리 대본을 쓰고 집에서 연습도 많이 하고 가면 어떨까? 엄마도 도와줄게!

잘못된 예에서 엄마는 아이를 위로하려는 의도로 말했지만 아이 입장에서 이런 형태의 위로는 엄마가 자신의 괴로움을 과소평가하고 아무것도 아닌 것으로 치부해 버리려는 것처럼 '들린다'. 게다가 마지막에는 "그만 생각하고 저녁 먹자"라고 감정대화를 전환해 종결해 버렸다. 엄마 입장에서는 안 좋은 감정에만 너무 빠져 있지 말자는 뜻이었겠지만 아이는 아마 엄마가 내 말을 듣기 싫어서, 우는소리 하는 게 싫어서 말을 끊어버렸다고 해석할 가능성이 높다.

좋은 예에서 가장 주목할 점은 엄마가 말하는 순서, 즉 '선공감 후교정'이다. 아마 이 엄마도 아이 말을 듣는 동안 마음속으로는 '아이가 너무 과하게 받아들이네' 하면서 완전히 공감하진 못했을 것이다. 그러지 않았다면 아이와 마찬가지로 '완전 망했다', '이제 끝이다' 하는 생각이 들어 함께 불안에 떨었을 것이기 때문이다.

그래도 이 엄마는 '(너는) 그럴 수 있었겠다' 하고 아이가 당시 느꼈을 감정을 이해해 보려고 노력했고 그렇게 표현했다(선공감). 이렇게 공감의 사인을 보내면 대부분의 사람은 감정의 늪에서 빠져나와 상대의 말을 들을 준비가 된다. 이 예에서는 엄마의 한마디에 아이가 마음과 귀를 열었지만 현실에서는 아마도 더 긴 공감의 말이 필요할 것이다. 언제까지 공감해 줄지는 아이의 반응을 보고 정한다. 마음 한가득 찼던 감정이 소화돼 어느 정도 비워지면 아이는 조금 더 편안한 표정을 지으며 자기감정에서 나와 타인의 말을 들을 여유가 생긴다. 그러면 부모는 이 반응을 알아채고 다음 단계로 넘어갈 수 있다.

아이가 '망했다', '이번 학기는 포기하겠다', '이제 발표는 못할 것 같다'고 말하는 이유는 파국화(catastrophizing)라는 인지 왜곡을 일으켜 상황을 비합리적으로 과장되게 생각하고 최악의 결과를 예상하기 때문이다. 예민한 아이는 강렬한 감정 때문에 극단적으로 생각하는 경향이 있어서 대화를 통해 오류를 수정하고 재입력해 줘야 잔재가 남지 않는다. 따라서 아이에게 공감을 표현해 아이 마음을 누그러뜨렸다면 좋은 예에서 엄마가 '발표가 2개나 더 남았으니 미리 대본도 쓰고 집에서 연습을 많이 하고 가자'고 한 것처럼(후교정) 잘못되거나 왜곡된 생각을 바로잡아주는 과정도 뒤따르는 것이 좋다.

관계를 형성하지 못한다면

위험회피형 아이는 낯을 심하게 가리고 친구에게 먼저 다가가기 어려워한다. 또 싫어도 거절을 잘 못하고 자신이 거절당했을 때도 많이 힘들어할 수 있다. 이런 아이는 워밍업을 하는 데 시간이 조금 필요할 수 있으므로 부모가 조바심을 내며 아이의 불안을 가중하지 않는 것이 중요하다.

친구 숫자도 마찬가지다. 위험회피형 아이는 소수의 친구를 깊게 사귀는 경향이 강하므로 부모의 바람이 폭넓고 다양한 교우 관계라 할지라도 천천히 깊은 관계를 맺고 쌓아가는 아이의 성향을 인정하고 받아들일 필요가 있다. 엄마가 개입해 아이에게 친구를 만들어 주려고 노력할 수도 있으나, 이 방법은 어릴 때만 유효할 뿐 초등학교 저학년만 돼도 아이가 자기와 잘 맞는 아이들하고만 놀려고 해 효력이 떨어진다.

만약 아이가 충분히 기다려도 관계를 형성하지 못하거나 맺은 관계가 금방 끊기고 유지되지 못한다면 아이의 위험회피 기질보다는 가정에 문제 원인이 있을 확률이 높다. 위험회피형 아이는 느리지만 찬찬히 관계를 확장해 나가고 안정되게 잘 유지한다. 아이가 느린 속도로라도 교우 관계를 진전해 나가지 못하고 고립되거나 잦은 마찰이 일어난다면 부모의 우울증이나 부부간 불화 같은 가정환경의 영향은 아닌지 의심해볼 수 있다.

위험회피형 아이는 위험에 민감하게 반응하기 때문에 가정불화를 다른 유형 아이보다 상대적으로 더 심각하게 받아들이며 정서적 영향도 더 깊게 받는다. 물론 모든 아이에게 가정은 재충전과 안식의 기능을 하지만, 아이가 어릴수록(영·유아~초등학교 저학년) 그리고 위험에 민감하게 반응할수록 사회나 기관, 또래 집단과 비교해 안전기지로써 집의 비중이 상대적으로 높아지기 때문에 부모의 우울증과 가정불화에 의한 피해도 더 크다.

집에서 안정감을 얻지 못하고 재충전하지 못하는 위험회피형 아이는 장기화된 생존 모드에서 심리적으로 소진되고 불안과 우울에 시달릴 가능성이 높다. 이런 심리적 고통은 현상적으로는 작은 일에도 짜증을 내고 무기력해 아무것도 하지 않으려는 행동으로 나타나기 때문에 결과적으로 학업과 대인 관계에도 악영향을 미친다.

어린아이들은 다른 사람에게 자기가 어떤 사정으로, 어떤 마음이 들어 이렇게 행동하는지 잘 설명하지 못하므로 주변 사람은 이 아이가 이상하게 예민하고 짜증을 잘 내며 모든 것을 귀찮아하는 문제라고 쉽게 오인할 수 있다. 사실은 안전하고 쉴 수 있는 곳이 없어 불안하고 우울한 아이일 뿐인데도 말이다.

거절을 두려워한다면

위험회피형 아이의 거절에 대한 지나친 민감성은 있는 그대로 수용하기보다 보완해주고 천천히 둔감화해야 하는 특성이다. 누구나 거절하거나 거절당하면 기분이 좋지 않고 일시적으로 위축된다. 하지만 위험회피형 아이는 거절을 너무 두려워하는 나머지 자기 욕구를 희생해 가면서도 상대방 요구를 거절하지 못할 수 있고, 반대로 자신이 거절당했을 때는 그것이 상대 입장이나 상황에 의한 결과라기보다 자기 자신이나 존재가 거절당하고 부정당하는 것 같은 과한 느낌으로 받아들일 수 있다.

예를 들어 친구가 "○○아, 나 이거 한 번만 빌려줘"라고 했을 때 마음속으로는 새로 산, 내가 소중히 여기는 장난감이라 친구에게 빌려주고 싶지 않다고 느끼면서도 부탁을 거절하기 어려워 "응, 그래"라고 하고 빌려준 다음 속상하고 불편한 마음에 며칠 동안 끙끙 앓을 수 있다. 이렇게 자기 욕구를 참으면서까지 거절을 못하면 친구들에게 조금 만만하고 부탁을 잘 들어주는 착한 아이라는 인상을 심어주게 돼 주변의 요구가 점점 더 많아지고 상황이 악화될 수 있다. 또 밖에서는 싫어도 싫다고 하지 못하고 참아야 하는 경우가 많다 보니 감정적 부하가 걸려 집에 와서 몇 배 더 짜증을 내는 방식으로 이를 미숙하게 처리할 수도 있다.

위험회피형 아이는 대체로 거절이 힘들면 부탁이나 요청을 받을 수 있는 상황을 아예 회피하려고 한다. 또한 다소 소극적이고 안전한 아이만 골라 사귀려 하고 그렇지 않은 아이는 위험하다고 생각해 회피할 가능성이 높은데, 이는 친구 관계가 협소해지게 하거나 아이가 고립되게 할 수 있다.

따라서 위험회피형 아이는 거절하기 어렵더라도 내가 싫을 때 참지 않고 "싫어요", "아니요"라고 말하며 경계를 세울줄 알면서 관계를 이어가도록 해야 한다. 반대로 나도 남에게 거절당할 수 있다는 사실을 받아들일 수 있어야 한다. 위험회피형 아이를 양육할 때는 이렇게 경계를 의식하고 지키게 하기 위해 '네가 마음속으로 느끼는 것보다 조금 더 단호하게 말하고 행동해도 다른 사람은 기분 나쁘지 않을 것'이라는 점을 다른 유형의 아이보다 강조할 수 있다.

예를 들어 일반적으로 친구들이 집에 놀러 오거나 동생이 호기심에 아이 장난감을 만지면 보통은 아이가 조금 싫어하더라도 부모가 '양보하고 같이 갖고 놀라'고 권한다. 하지만 위험회피형 아이는 다른 아이나 동생이 자기 장난감을 갖고 노는 게 싫어도 표현을 못하고 스스로 양보하거나 어른의 권유에 응할 가능성이 높기 때문에 아이의 기질을 배려해 일반적 부모와 조금 다르게 행동해도 괜찮다.

따라서 부모가 자기 체면이나 다른 아이 부모의 눈치 때문에 장난감을 같이 갖고 놀라고 아이에게 은근한 압박을 주기보다는 양해를 구하고 아이가 자기 경계를 보호하고 주장하도록 북돋아주는 편이 낫다. 직접 거절하는 말을 못하고 싫은데 마지못해 양보하고자 하는 신호가 미약하게라도 보이면 "친구야, 미안해. 이 장난감은 ○○이가 가장 아끼는 거라 같이 갖고 놀 수는 없을 것 같아. 다른 장난감은 어때?"라고 부모가 대신 말해주며 싫을 때 거절하는 행동을 아이가 모델링하게 할 수 있다.

주의 소아청소년 우울증

위험회피형 아이는 타고난 민감성 때문에 우울증에 취약할 수 있다. 다른 유형의 아이보다 부정적 자극을 더 강렬하게 느끼므로 주관적으로 감당해야 할 불안과 우울의 양이 상대적으로 많다. 하지만 아이를 안정애착, 인지적 자원, 사회적 지지 같은 보호인자로 든든히 에워싼 환경에서 건강하게 키우면 성인이 돼서는 자기감정을 조절할 수 있는 능력이 충분해진다.

위험회피형 아이를 키우는 일은 마치 유리컵을 에어쿠션에 넣어 택배로 보내는 것과 같다. 에어쿠션을 적게 두르거나 택배 박스를 너무 거칠게 다루면 유리컵에 금이 갈 수 있듯이 아이의 민감성을 보호할 수 있는 요인이 적거나 아이 외부 환경에 역경이 너무 많다면 우울증이 생길 확률이 높다.

아동과 청소년의 우울증은 성인과는 다소 다르다. 어른의 우울증은 우울과 무기력으로 나타나는 경우가 많은데, 아이의 우울증은 평소보다 유달리 짜증을 내거나 머리나 배가 아프다고 신체화로 호소하거나 공부에 집중이 안 된다고 표현하는 경우가 많다.

아이는 이렇게 우울해도 우울하다고 잘 표현하지 못하고 간접적 행동으로 나타내기 때문에 우울증을 의심하기가 쉽지 않다. 이런 증상이 심해서 학교나 학원을 자주 빠지고, 아이를 쉬게 한 지 몇 주가 지나도 나아지지 않으면 우울증을 의심해볼 수 있다.

Chapter 12

낙관주의형

낙관주의형 아이는 자신감이 있고 긍정적으로 생각하지만 겁이 없고 조심성이 부족해 지나치게 태평하다는 인상을 준다. 목표에 비해 세심한 계획이나 검토 없이 매사를 좋게 보기 때문에 무신경하고 섣부르다는 느낌도 있다. 목표와 의지가 부족해 놀기만 하고 공부할 필요성을 못 느끼기도 한다. 인간적인 정에 약해 남에게 이용당할 수 있고 사람을 너무 잘 믿어 속아 넘어갈 수 있다.

이 유형의 아이는 느긋하고 긴장도 잘 하지 않는다. 마음에 상처가 잘 나지 않지만 그것이 회복탄력성이 높음을 의미하진 않는다. 오히려 애초에 회복해야 할 상처 자체가 잘 안 생긴다는 뜻이다. 마음에 상처가 잘 생기지 않는 것과 상처가 났을 때 잘 아무는 것은 다른 얘기다.

낙관주의형 아이는 성장기에 좌절감과 실망감을 느끼고 극복해 본 연습량이 적어서 성인이 되어 위기를 맞으면 오히려 어쩔 줄 몰라 할 수도 있다. 성장기에 실패와 좌절을 겪고 역경을 극복해 나가는 과정을 반복해 경험하는 것 자체가 아이에게는 회복탄력성을 키우는 연습이다. 어릴 때 이 과정을 여러 번, 성공적으로 경험할수록 좌절을 극복하는 데 더 능숙하고 실패를 두려워하지 않으며 자신감 있는 성인이 될 수 있다.

낙관주의형 아이는 상처를 잘 받지 않아 실패에 크게 절망하지는 않겠지만, 목표와 의지가 부족해 시도와 도전에 대한 동기부여가 어렵고 시작하더라도 끈질기게 노력해 과업을 완수하지 못할 수 있다. 또 인지 폭이 넓지 않으며 적극적으로 변화에 적응하고 바뀌려는 노력을 하지 않을 가능성이 있다.

실망하지 않는다면

낙관주의형 아이는 너무 태평해 어지간한 실패는 실패라고 생각하지 않는 점이 문제가 될 수 있다. 중요한 일이라도 사전에 철저히 준비하려 하지 않고 어렵고 힘들 때 끈기 있게 헤쳐 나가려는 의지가 부족하다.

실망과 불만족은 그 감정을 느낄 당시에는 불쾌한 기분이지만 인생 전체로 봤을 때는 변화와 발전을 도모하는 강력한 동력이기도 하다. 보통 지금에 만족하는 사람은 안정을 추구해 현 상태를 유지하려는 소극적 태도를 취하지만, 불만이 있는 사람은 변화를 추구해 적극적으로 움직이기 때문이다.

이 유형의 아이는 새 학년이나 방학, 새 학원처럼 일상적인 변화에는 잘 적응하지만 먼 곳으로의 이사나 전학, 입시에서의 탈락, 예기치 못한 갑작스러운 변화에는 취약할 수 있다. 평소에 부정적 감정 자체를 거의 느끼지 않아서 실망을 느끼고 그 감정을 소화하고 극복하며 다시 도전하는 회복탄력성을 연습할 기회가 거의 없었으므로 실패와 실망에 대처할 기술도 충분히 발달돼 있지 않기 때문이다.

불안도가 높지 않아 감정적으로 스스로 자극될 확률이 낮은 아이에게는 부모의 적절한 감독과 간섭이 필요하다. 내부 자극인 불안에 의해 움직일 가능성이 낮기 때문에 소크라테스식 문답 같은 인지적 자극을 외부에서 줄 수 있다. 다음 상황을 참고해보자.

상황

아이가 항상 아침에 부랴부랴 급하게 준비물을 챙기는 탓에 실수가 잦아 엄마는 전날 저녁 미리 준비를 하라고 아이를 채근한다. 하지만 아이는 내일 할 수 있다고 미룬다.

아이 미리 하라고 좀 하지 마세요. 내일 아침에 해도 돼요. 지금 안 해도 문제 안 생긴다고요.

엄마 ○○아, 어제랑 그제 학교에 준비물 잘 챙겨 갔었니? 엄마가 너 또 잊

어버릴까 봐 이렇게 말하는 거야. 오늘 미리 챙겨놓고 내일 아침에 확

인만 하면 서두르지 않아도 되잖아.

아이 아, 엄마 이번 주만 몇 번 그런 거죠. 내가 1학년이에요? 미리 챙겨놓

게? 내일 아침에 해도 금방 할 수 있어요. 지금은 마인크래프트 좀 더

하고요.

엄마 ○○아, 너 준비물 빠뜨린 게 이번 주만 해도 1~2번이 아닌 것 같은데.

저번 주에도 몇 번 빠뜨렸고 이번 달만 해도 벌써 몇 번째니? (명료화,

가정에 대한 이의 제기)

아이 아, 알겠어요. 잘 챙겨 가면 되잖아요. 지금은 바쁘니까 내일 아침에

일찍 일어나서 할게요.

엄마 안 돼. 오늘 해야 돼. 너 7시 반에 일어나서 씻고 밥 먹으면 8시인데 그

때 준비물 챙기면 너무 늦어. 엄마는 출근하니까 같이 봐줄 수도 없고.

일찍 일어난다고 해서 7시에 깨워도 다시 자잖아. (결과 추론) 7시에 깨

워서 일어난 적이 몇 번 있니? 너 그때 못 일어난다니까.

아이 아 내일 해도 되는데! 알았어요. 지금 할게요. 그럼 됐죠?

비록 아이가 툴툴대면서 억지로 엄마 말을 들었고 진심으로 공

감해 행동하진 않았지만 느긋한 아이는 불안을 자극하는 협박(너

그러면 게임 못하게 한다, 용돈 안 준다)이나 압박(시간 얼마 안 남았어, 다른

친구들은 벌써 다 끝냈대)에 잘 반응하지 않기 때문에 인지적으로 접근해 논리로 몰아넣고 행동하게 하길 반복하는 것이 좋다. 그러면 특정 행동 패턴이 학습되고 습관화될 수 있다.

능력에 비해 성취 수준이 낮다면

늘 미래를 걱정하고 불안해하기 쉬운 위험회피형 아이는 행복하지 않을 순 있으나 걱정과 불안 탓에 열심히 공부하고 미리미리 대비하는 행동을 보일 가능성이 높다. 이와 대조적으로 낙관주의형 아이는 정서적으로 안정되고 평온할지는 모르나 너무 느긋한 탓에 그대로 두면 동기도 부족하고 포부도 없어 잠재력을 충분히 발휘하지 못하고 능력에 비해 낮은 수준의 성취에 도달할 가능성이 높다.

특히 아이 부모가 불안도가 높거나 성격이 급한 편이면 낙천적인 아이가 자칫 답답해 보일 수 있다. 이때 주의할 점은 부모가 자기 불안이나 답답함을 못 이겨 아이 대신 다 결정해 버리거나 아이 몫을 대신해주면 안 된다는 것이다. 부모가 이끌면 당장은 더 빨리 가는 것처럼 보일 수 있지만, 장기적으로는 아이가 스스로 할 수 있는 능력과 동력이 생기지 않아 아이를 무력하고 의존적인 사람으로 만들게 된다.

특히 낙천적인 아이는 편안함을 추구하기 때문에 일이 저절로 되거나 누가 대신해주면 크게 저항하지 않을 가능성이 높아 다른 기질 아이보다 자율성을 두고 부모와 크게 대립하지 않을 수도 있다. 그러다 보니 문제가 표면으로 드러나지 않다가 아이가 대학생이 된 이후, 독립할 시기에 나타나기도 한다. 청소년기를 마칠 때까지 스스로 결정하고 행동하는 능력을 획득하지 못한 아이는 성인이 돼서도 계속 누군가에게 의존해 살아가거나 자율성이 결핍된 자신의 모습에 자괴감과 좌절감을 느낄 수 있다.

낙관주의형 아이는 현재를 중심으로 살기 때문에 미래 걱정은 별로 하지 않을 수 있다. 아이가 대비하지 않아 생기는 문제가 지각하기, 셔틀버스 놓치기, 준비물 빼먹고 빌리기, 숙제 못하기, 시험 성적 떨어지기, 외투를 안 가져가 춥거나 물을 안 가져가 갈증 느끼기 정도 수준이라면 부모는 앞일이 뻔히 보여도 굳이 아이를 도와줘 문제를 예방할 필요가 없다. 오히려 예상한 문제가 드러나 아이가 그 어려움을 몸소 겪으면서 배우고 책임지게 하는 것도 좋다. 안전과 관련된 문제라 아이가 다치거나 위험할 수 있다면 부모가 단속하고 예방해야겠지만 이런 예시 정도는 부모가 대신해줘서 잘 넘어가게 하는 쪽이 도리어 아이가 배울 수 있는 기회를 앗아가는 일일지도 모른다.

아이가 직접 경험해보고 배우기 어려운 일이나 추상적인 생각은 앞서 소개한 소크라테스식 문답을 활용해 부모가 집요하게 대화를 이끌어 나감으로써 깊고 넓게, 세부 사항까지 생각해볼 수 있도록 인지적 자극을 줄 수 있다(비록 아이는 대충 넘어가고 싶어 하고 부모의 집요한 대화를 싫어하겠지만). 부모가 아이 일을 대신해주거나 결정해서 지시하는 하는 쪽이 훨씬 쉽고 빠른 방법이겠지만 대화를 통해 왜 네가 이 일을 해야 하는지, 하거나 하지 않으면 어떻게 될 것 같은지 일일이 납득시켜 나가는 과정은 아이의 약점을 보완해주고 궁극적인 해결책이 될 것이다.

너무 순진하다면

앞서 말했듯 생애 초기 애착은 세상과 타인을 신뢰하게 하고 긍정적으로 바라보게 하는 자원으로 초기 1~2년의 양육과 애착 형성에 따라 세상과 타인에 대한 신뢰와 불신의 정도가 결정된다. 애착 형성에서 가장 중요한 점은 부모의 일관된 반응인데, 여기서도 일관성이란 70~80퍼센트 정도의 일정함을 의미하는 것이며 100퍼센트 완벽하게 일관된 반응을 뜻하진 않는다. 부모는 완벽할 필요도, 그럴 수도 없다. '대체로 일정하게' 반응해줄 수 있을 뿐, 언제나 한결같을 순 없다. 반대로 말하면 부모의 반응에도 예외성과 불확실성은 존재하며 이로 인해 생긴 세상과 타인에 대한 20~30퍼센트의 불신과 의심은 아이가 너무 순진해지지 않게 하는 건강함이라는 뜻이다.

기질적으로 낙관주의형인 아이는 애착을 형성하는 데는 유리하겠지만(보통 순한 아기라 키우기 쉽기도 하다) 20~30퍼센트의 비일관성에 둔감하며 이를 과소평가해 합리적 의심의 가능성을 놓칠 수 있다. 따라서 아이가 이런 면을 보이면 뭔가를 무조건 믿거나 당연하게 받아들이지 않고 비판적 사고를 통해 합리적 의심을 해보도록 대화하는 것이 좋다. 만약 아이가 어떤 상호작용을 피상적으로만 본다면 상대 의도는 무엇이었을지, 왜 그런 말을 했을지, 어떤 의미였을지 깊이 생각해 보도록 대화할 수 있다. 아래 대화를 참고해보자.

상황

아이 ○○가 지우개 하나만 달라고 해서 줬어.

부모 그 친구, 전에도 너한테 지우개 달라고 해서 하나 줬잖아. 왜 또 달라고 하는 거야?

아이 지우개를 안 가져왔대. 필요하니까 달라고 했겠지. (피상적 설명, 깊이 생각하지 않음)

부모 전에는 네가 짝꿍이니까 너한테 달라고 했지만 지금은 네가 짝꿍도

아닌데 왜 너한테 달라고 했을까?

아이 글쎄?

부모 빌릴 수도 있는데 왜 달라고 했을까? 왜 계속 너한테 달라고 할까? 연

필도 달라고 한 적은 없니?

부모는 ○○가 아이 지우개를 빼앗아간다는 심증이 있으나 그 생각을 아이에게 곧바로 얘기하지 않는다. "○○가 네 지우개 뺏어간 거잖아"라고 말해버리면 대화는 빨리 끝나겠지만 아이가 다시 비슷한 상황에 처했을 때 스스로 합리적으로 의심해보는 사고를 할 수 없기 때문이다. 문답을 통해 아이가 어떤 사안을 단순하게 넘어가지 않고 비판적으로 사고하고 합리적으로 추론할 수 있도록 인지 능력을 키워주면 이후 아이 스스로 합리적 의심을 해볼 수 있다.

Chapter 13

관계중심형

관계중심형 아이는 감성적이고 친밀한 감정 교류를 원하며 인간관계를 중요하게 생각한다. 부드럽고 따뜻한 사람이라는 인상을 줄 수 있으나 인간관계에 집착하거나 의존하는 경우가 있다. 타인의 평가에 예민해 인정받는 데 매달리거나 거절을 잘 못하고 휘둘리는 경향을 보이기도 한다. 부정적 평가에 상처를 많이 받고 오래가며, 소심하고 예민해 인간관계에서의 불화를 두려워하고, 자신의 실수 때문에 비난받을까 봐 노심초사하기도 한다.

이 유형의 아이는 힘든 상황에서 관계를 통해 위로받고 안정을 찾는 능력은 탁월하지만, 상대적으로 스스로 자신을 돌볼 수 있는 능력을 키우는데 약점이 있을 수 있다. 따라서 관계중심형 아이를 키울 때는 아이가 어떻게 자기상을 분명히 정립하게 할지, 어떻게 독립적으로 자기감정을 조절하고 유연하게 생각할 수 있게 할지에 초점을 두는 것이 좋다.

친구에게 휩쓸린다면

관계중심형 아이는 주변에 휩쓸리기 쉽고 친구가 좋으면 자기 욕구와 기호를 따르기보다 친구 것을 따라가기도 한다. 관계를 우선에 두기 때문에 하기 싫은 일을 거절하지 못하기도 한다.

아이가 자기상을 결정하는 데 가장 핵심적인 부분은 욕구와 욕망(나는 무엇을 원하는가, 원치 않는가), 기호(나는 무엇을 좋아하는가, 싫어하는가), 가치(나는 무엇을 중요하게 생각하는가, 무엇은 상대적으로 중요하지 않은가)다. 자기 욕구보다는 상대 욕구와 기대에 집중해 거기에 맞추려는 경향이 강한 관계중심형 아이에게는 이런 질문을 의식적으로 더 자주 해 아이가 자기에게 집중하고 스스로를 더 잘 알게 할 필요가 있다. 다음 상황을 참고해보자.

상황 1

아이 친구들이 일요일에 마라탕 먹으러 가쟤요.

부모 재밌겠네. 다녀와. 근데 ○○이 매운 것 잘 못 먹는 거 아니니?

아이 □□가 마라탕 먹고 싶대요. 그래서 같이 가기로 했어요.

부모 ○○아, □□랑 놀려고 싫은데 마라탕을 먹을 필요는 없어. 같이 가서 맵지 않은 요리를 시킬 수도 있고 꼭 마라탕 집이 아니라 ○○가 먹고 싶은 음식을 같이 먹으러 가자고 해도 돼.

상황 2

부모 뭐 먹을래?

동생 형이랑 같은 걸로 주세요.

부모 형과 같은 거 말고, 너는 뭐 먹고 싶은 거 없니?

갈등을 피하려고 한다면

적당한 고집과 경쟁은 필요하다. 교육에서 조화와 평화, 양보와 타협을 강조하는 이유는 기본적으로 우리가 이기적이라는 전제가 있기 때문이다. 하지만 관계중심형 아이는 갈등을 피하기 위해 지나치게 양보하고 타협하는 경향이 있다.

갈등은 반드시 나쁘고 피해야만 하는 대상이 아니다. 갈등과 마찰이 있으면 문제가 표면으로 드러나므로 정당한 대결을 통해 승부가 나든 대화를 통해 타협점을 찾든 문제를 해결할 수 있는 기회가 주어진다. 갈등 자체보다는 갈등이 있을 때 해결하는 방식과 갈등 이후 관계가 다시 봉합되고 회복되는 과정이 중요하다.

관계중심형 아이는 관계에서 오는 긴장감을 견디기 힘들어한다. 갈등을 피하기 위해 화를 내면 안 될 것 같다는 생각에 자신이 원하는 바를 충분히 강력하게 내보이지 못하고 속으로 참으면서 겉으로는 양보한다. 그러면 결국 마음속에 불만이 쌓이고 자존감도 낮아진다. 아이가 자기 의사를 표현하지 않았기 때문에 상대방은 아이도 비슷한 의견일 거라 생각할 뿐 아이가 자기 생각과 욕구를 포기하면서 참고 있다는 사실은 눈치채지 못하고 있을 가능성이 높다. 따라서 아이의 양보를 아무렇지도 않게 생각하고 고맙게 여기지 않을 것이므로 아이의 이런 행동이 아무 의미 없을 수도 있다.

만약 부모가 관계중심형이면 아이를 키울 때 아이가 싫어하는 말을 하기 힘들어하기도 한다. 즉, 훈육하는 데 어려움을 겪는다. 관계중심형 부모는 아이가 울고 힘들어하면 이를 견디지 못해 사랑이라는 미명 아래 아이에게 꼭 요구해야 하거나 제한해야 하는 것을 포기할 수 있다.

이렇게 자란 아이는 집에서는 떼쟁이, 고집쟁이가 되겠지만 밖에서는, 즉 선생님이나 친구와의 관계에서는 부모가 자기에게 했던 방식 그대로 행동할 가능성이 높다. 친구가 조금만 강하게 얘기해도 자기 마음을 주장하며 버티지 못해 양보해 버리거나 친구와 생각이 달라도 표현하지 못하고 속으로 끙끙 앓는 것이다.

아이는 부모와의 상호작용을 통해 부모를 모델링하면서 사회적 기술을 배우므로 아이를 대하는 부모 자신의 태도가 어떤지 점검해볼 필요가 있다. 부모가 아이와 상호작용할 때 아이의 막무가내인 요구를 싫어도 들어주면, 아이도 부모를 그대로 따라 해서 친구가 막무가내로 요구할 때 싫어도 마지못해 들어주고 말 것이다. 아이를 정말 사랑한다면 아이가 원하는 대로 들어주는 것만이 능사가 아니다. 조금 힘들어도 갈등과 마찰을 견뎌내야 한다.

만약 아이가 관계중심형이라 사랑받고 싶어 하고 타인의 기대에 부응하려는 성향을 보이면 부모는 조금 더 의식적으로 '네가 우리 기대에 맞추지 않고 우리가 서로 달라도 너를 사랑한다'는 사실을 강조해야 한다. 또 아이 의견을 더 적극적으로 물어보거나 존중하려고 노력하는 것이 좋다.

아이가 자기 욕구와 생각을 건강하고 자신 있게 표현하기 위해서는 부모와 심리적으로 분리돼도 애착이 손상되지 않은 경험이 있어야 한다. 평소 아이를 나와 얼마나 분리해서 얼마나 존중해 줬는지, 내 욕구와 아이의 욕구가 일치하지 않을 때도 아이를 존중하고 사랑했는지, 옳고 그름이나 안전 문제가 아닐 때 아이 의견을 얼마나 들어주는지 생각해보자.

보통 자아가 형성되는 2세부터는 아이가 자기 주장을 시작하고 고집을 부리기도 하는데 관계중심형 아이라면 다른 아이보다 더 작은 목소리로 주장하거나 쉽게 순응하려 하기 때문에 말을 잘 듣고 순한 아이로 여겨져 타인의 욕구에 맞추려는 아이 행동이 문제로 인식되지 않을 수도 있다. 관계중심형 아이는 주장이 강하고 고집을 피우는 아이보다 행동이 눈에 띄지 않기 때문에 부모는 아이가 잠시 멈칫하거나 살짝 찡그리는 것 같은 약한 표현도 눈을 크게 뜨고 더 세심히 관찰해야 아이의 작은 목소리를 키워줄 기회를 잡을 수 있다.

또 관계중심형 아이는 어른의 기대에 부응하려 하기 때문에 자기 욕구를 누르고 엄마 말을 잘 듣거나, 동생에게 양보하는 방식으로 사랑받으려 할 가능성이 높다. 따라서 관계중심형 아이에게는 보통 아이에게 하듯이 엄마가 시키는 대로 잘하거나 동생에게 양보했을 때 이를 칭찬으로 강화하거나 그냥 넘어가는 것이 오히려 좋지 않을 수도 있다.

이 유형의 아이에게는 순응, 양보, 조화를 강조하는 일반적인 사회화와 반대 방향으로의 촉진이 어느 정도는 필요하며, 아이가 상황적 압력에 순응하지 않고 자기 생각과 욕구를 분명히 표현할 수 있게 하는 연습도 필요하다. 아이가 "나는 싫어. 안 할래"라고 자기 마음속에 있는 생각을 작은 목소리지만 표현해보고 주장하는 법을 익힐 수 있는 기회를 만들어줘야 한다.

예를 들어 동생이 "형, 나 이거 해도 돼?"라고 물었을 때 아이가 대답을 못하고 머뭇거리는 모습을 보이면 이를 놓치지 말고 "○○가 양보하고 싶지 않으면 안 해도 돼"라고 안심시킨다. 또 평소에 의견이 별로 없던 아이가 오랜만에 "나는 오늘 운동화 안 신고 크록스 신을래"라고 주장하는 경우 엄마가 좀 못마땅한 마음이 들더라도 다치거나 위험하지 않으면 아이 의사를 존중해 허용해줄 수 있다.

아이는 부모가 바라는 대로 행동하지 않고 자기가 원하는 대로 행동해도 사랑받을 수 있다는 경험을 통해 자기 생각과 욕구를 주장할 수 있게 된다. 또 이와 동시에 타인의 요구를 정중히 거절할 수 있는 용기도 생긴다.

Chapter 14

경직형

경직형 아이는 안전하고 평온한 상태를 유지하려는 경향이 있다. 따라서 변화나 변경을 건디지 못하고 기대했던 대로 되지 않으면 크게 실망하기도 한다. 세심하게 주의를 기울이고 꼼꼼한 반면 느리다. 규칙과 질서를 중시하나 관습과 원칙에 얽매일 수 있으며 잘 기다리지만 융통성이 부족하다는 인상을 줄 수 있다. 도전을 꺼리고 소극적·수동적인 편이라 조금이라도 위험하면 하지 않으려 하고 낯선 관계에서 위축될 수 있으며, 실수가 두려워 의사결정을 어려워하기도 한다.

회복탄력성과 관련해서는 새로운 시도를 피하고 변화에 수동적으로 반응할 가능성이 크다는 점, 인지적 유연성이 떨어져 틀에 박힌 사고방식을 고수할 가능성이 높다는 점을 주의해서 지켜봐야 한다.

사람은 누구나 나이가 들면 점점 익숙한 것을 고집하려는 경향이 생기기 마련이므로 경직형 아이의 경우 뇌가 발달하는 30세까지 다양한 직간접 경험을 하도록 더욱더 격려해 참조 체계를 최대한 넓혀놓아야 한다. 경직형 아이는 예전 경험을 바탕으로 쉽게 결론지어 버리려 하고 새로운 경험, 해석, 사고방식으로 확장해가길 힘들어하므로 아이의 사고방식과 행동을 어떻게 유연하게 만들지가 관건이다.

새로운 것을 거부하고 회피한다면

경직형 아이는 아기 때 새로운 재료로 만든 음식은 먹지 않으려 하는 식으로 까다롭게 군다. 새로운 학원에는 지레 겁을 먹고 가지 않으려 하고, 책을 많이 사줘도 같은 책만 반복해서 읽겠다고 고집할 수 있다. 또 학기 초마다 적응을 힘들어하기도 한다.

부모는 아이가 좀 답답하게 느껴지더라도 아이의 기질적 부분을 어느 정도 수용해야 한다. 그렇지 않으면 '초등학교 1, 2학년도 아니고 이제 3학년이면 적응해야 하는 것 아닌가' 하는 생각이 들면서 걱정이 되거나 화가 날 수 있다. 차라리 아이 성향을 인정하고 '무서울 수 있겠다', '가기 싫을 수 있겠다' 하는 공감을 오랜 기간 동안 반복하리라는 각오를 다지는 편이 낫다. 내 불안함이나 답답함 때문에 아이를 밀어붙이지 않고 인내를 가져야 한다.

아이에게 새로운 것을 두려워하는 경향이 있으면 형제나 부모를 모델링할 수 있도록 아이가 관찰하고 탐색할 수 있는 준비 시간을 충분히 준다. 아이가 할 일이 안전하거나 재밌다는 것을 직접 보여주면서 검증하고 안심시키면 말로 괜찮다고 하는 것보다 더 효과적이다. 아이가 둘째나 셋째라면 앞으로 어떤 일이 자기에게 닥칠지 첫째를 보면서 마음의 준비를 하며 자라기 때문에 기질이 예민하더라도 첫째보다 덜 까다로울 수 있다. 만약 형제가 없다면 친척이나 가까운 이웃이 모델이 돼줘도 좋다.

노출은 단계별로, 순차적으로 진행한다. 예를 들어 혼자 등교하는 훈련을 한다면 처음에는 아이와 함께 등교하면서 등굣길에 삼삼오오 즐겁게 학교에 가는 고학년 학생을 보여준다. 일부러 그런 아이들을 찾아다닐 필요까진 없지만 근처에 자연스레 보일 때 "형아들은 형아들끼리 학교 가네"라고 넌지시 말해 아이가 그 모습에 주목하도록 유도할 수 있다. 부모가 아이에게 뭔가를 하라는 직접적인 지시나 요구를 하진 않았기 때문에 아이가 지레 겁먹지 않고 부담 없이 등굣길에 그 모습을 관찰하며 그 광경에 익숙해질 수 있다.

이렇게 몇 달간 같이 등교하다가 익숙해지면 단계별로 아이와 헤어질 준비를 한다. 처음에는 교문 앞에서 헤어지다가 그게 잘되면 마지막 커브에서 헤어지고 그게 잘되면 가는 길 중간 어딘가에서 헤어지는 식이다. 바느질을 하는 것처럼 한 땀 한 땀 새겨나가야 하며, 중간에 잘 안 되면 무리하지 말고 이전 단계로 돌아가 그

단계를 반복한 후 다시 다음 단계로 나아간다.

아이가 힘들어할 만한 자극에 보상을 연결해주는 것도 도움이 된다. 헤어지는 지점에서 편의점에 들러 과자를 하나 살 수 있게 해준다든지, 좋아하는 친구를 만나 같이 등교하게 하는 것도 도움이 될 수 있다.

인지적 유연성이 낮다면

경직형 아이는 이미 결론지은 생각을 잘 바꾸지 않으려 하므로 첫인상을 그대로 유지하려고 하며 선입견을 가질 가능성이 높다. 또 익숙한 것이 안전하며 좋은 것이라는 도식을 형성하려는 경향을 보이기도 한다. 부모는 이런 기질적 경향성을 보일 때 반례를 들어 아이가 섣불리 결론짓지 않고 사고를 열어둘 수 있도록 도와줘야 한다. 예를 들어 아이가 "옛말에 틀린 것 없는 것 같아요"라고 하면 "정말 옛말에 틀린 게 없을까?"라고 반문하며 '암탉이 울면 집 안이 망한다' 같은 틀린 옛말을 반례로 제시하는 식이다.

일반적으로 아이는 한계를 시험해보고 선을 넘어봄으로써 규칙을 배우는 경향이 있다. 다시 말해 규칙을 깨보는 실험을 통해 기존 규칙을 확인하기도 하고 새로운 규칙을 발견하기도 한다. 하지만 경직형 아이는 애초에 한계를 넘으려 하지 않기 때문에 관습적인 규칙이라도 깨지 못하고 예외적인 상황에서 융통성 있게 행동하지 못할 가능성이 있다.

따라서 경직형 아이에게 규칙이나 통제에 관한 표현을 쓸 때는 "절대 안 된다", "꼭 해야 한다" 등의 강한 메시지는 지양하는 것이 좋다. 이런 메시지는 아이의 기질적 특성을 강화해 아이가 예외적인 상황을 예외로 판단하지 못하고 말 그대로 지키게, 다시 말해 융통성 없이 행동하게 만들 가능성이 높다.

양육은 대체로 일관적이어야 하지만 앞서 말한 것처럼 일관성이란 100퍼센트가 아닌 70~80퍼센트를 의미한다. 아이가 기질적으로 규칙성을 추구하는 성향인 경우 70~80퍼센트의 일관성보다 20~30퍼센트의 예외성에 주목하게 하는 것이 좋다. 우리 뇌는 인지부조화가 생기면 이를 해소하려 하므로 경직형 아이가 20~30퍼센트의 예외성에 주목하게 하면 인지부조화가 생겨 섣불리 사고를 닫고 결론지어 버릴 수 없게 된다. 따라서 아이는 더 세련된 결론에 도달할 때까지 사고를 계속할 수밖에 없으며 관습에 얽매이지 않고 생각이 자극될 수 있다.

예를 들어 아이가 '친구와는 사이좋게 지내야 한다'는 규칙에 얽매여 화를 내거나 갈등을 빚는 상황을 무조건 나쁘다고 생각한다든지, 잘 맞지 않는 아이와도 적절한 거리를 두기 힘들어할 수 있다. 이렇게 아이가 과하게 일반화하려는 경향을 보이면 친구에게 화내는 것이 언제나 나쁜지, 사이좋게 지낸다는 것이 갈등 없이 지낸다는 뜻인지, 모두와 친하게 지내야 하는지 같은 질문으로 '친구와 사이가 좋지 않은 경우가 얼마든지 있을 수 있다'는 점을 충분히 함께 탐색해볼 수 있다. 그러면 아이는 '친구와는 사이좋게 지내야 한다'는 명제를 일반화해 단정 지을 수 없을 것이고 인지부조화에 빠져 여러 가지 다양한 생각을 해보기 시작할 것이다.

이 책의 초중반에 다룬 회복탄력성을 높이는 방법을 아이의 기질 유형에 따라 직접 적용해 보면, 같은 내용이라도 유형별로 강조점이 많이 달라진다. 유형별로 나누어도 이렇게 달라지는데, 눈앞에 있는 내 아이에게 이 방법을 구체적으로 적용시키려면 아마 더 어렵게 느껴질 수도 있을 것이다.

하지만 결국 가장 중요한 것은 내 아이를 잘 알고 그에 맞춰 반응해주는 것이다. 때로는 잘 모르겠고, 잘 못 반응해 주겠지만 그래도 괜찮다. 잘하려고 애쓰고 분투하는 것만으로도 충분히 좋은 부모이기 때문이다. 그 모습 자체가 바로 회복탄력성의 본보기다.

미주

Step 1 Chapter 1

1. Stephen C. Gammie, Mother – Infant Communication: Carrying Understanding to a New Level, Current Biology, Volume 23, Issue 9, Pages R341–R343, 6 May 2013.
   Gianluca Esposito et al, Infant Calming Responses during Maternal Carrying in Humans and Mice, Current Biology, Volume 23, Issue 9, Pages 739–745, 6 May 2013.
2. Andy Coghlan, Good mothers stop monkeys going bad, New Scientist, 19 July 2004.
3. Igor Zwir et al, Uncovering the complex genetics of human character, Molecular Psychiatry 25, pages2295 – 2312, 2020.

Step 2 Chapter 5

1. Save the Children's Resource Centre, ⟨Tronick's Still Face Experiment⟩, 2022. 7. 27.
   https://www.youtube.com/watch?v=f1Jw0-LExyc
2. Lise-Lotte Austad, ⟨Still face experiment⟩, 2018. 5.11.
   https://www.youtube.com/watch?app=desktop&v=bOR7jId8wYk

회복탄력성 수업

1판 1쇄 발행 2024년 7월 15일
1판 2쇄 발행 2024년 8월 27일

지은이 최미지
발행인 오영진 김진갑
발행처 (주)심야책방

책임편집 박수진
기획편집 유인경 박민희 박은화
디자인팀 안윤민 김현주 강재준
마케팅 박시현 박준서 김예은 김수연 김승겸
경영지원 이혜선

출판등록 2006년 1월 11일 제313-2006-15호
주소 서울시 마포구 월드컵북로5가길 12 서교빌딩 2층
원고 투고 및 독자 문의 midnightbookstore@naver.com
전화 02-332-3310 팩스 02-332-7741
블로그 blog.naver.com/midnightbookstore
페이스북 www.facebook.com/tornadobook

ISBN 979-11-5873-310-0 (03590)